善用幽默，全世界都会欢迎你

夏天◎著

中国纺织出版社有限公司

内 容 提 要

有幽默感是一种优美、健康的品质，是一个人成熟的表现。现代人在快节奏的生活和繁忙的工作之余，不妨将幽默当成心理的“按摩师”，给自己和他人带来快乐。

本书通过幽默在演讲、说服、批评、反击等不同情境，以及在家庭、恋爱、社交、朋友相处等不同场合的综合运用，以生活化的案例、通俗易懂的语言阐述幽默的重要性，指导人们如何修炼成为社交高手，即善用幽默。

图书在版编目（CIP）数据

善用幽默，全世界都会欢迎你 / 夏天著. --北京：中国纺织出版社有限公司，2020. 6

ISBN 978-7-5180-7237-8

Ⅰ.①善… Ⅱ.①夏… Ⅲ.①幽默（美学）—通俗读物 Ⅳ.①B83-49

中国版本图书馆CIP数据核字（2020）第043475号

责任编辑：闫星　　责任校对：江思飞　　责任印制：储志伟

中国纺织出版社有限公司出版发行

地址：北京市朝阳区百子湾东里A407号楼　邮政编码：100124

销售电话：010—67004422　传真：010—87155801

http：//www.c-textilep.com

中国纺织出版社天猫旗舰店

官方微博http：//weibo.com/2119887771

佳兴达印刷（天津）有限公司印刷　各地新华书店经销

2020年6月第1版第1次印刷

开本：880×1230　1/32　印张：6

字数：162千字　定价：39. 80元

前　言

什么是幽默？形容有趣或可笑而意味深长。国学大师林语堂先生最早将“幽默”一词引入中国。幽默的特点主要表现为机智、自嘲、调侃、风趣等，最大的特点就是可以给人带来快乐。可以毫不夸张地说，幽默可以增添亮眼的个人魅力。

中国有几千年文明史，语言文化日渐成熟。从最开始的简单言语到复杂系统，由于人们之间的关系越来越紧密，尤其是在商业和外交活动中，语言的使用显得更加谨慎，稍有不慎便会惹了麻烦。在人际交往中，许多话不宜说得太直白，幽默便成为委婉含蓄的表达方式。例如美国著名作家马克·吐温说：“戒烟最容易了，我就戒过200多次。”人们一听就明白，这烟老是戒不掉。这种说法简单又风趣，经过艺术加工之后的创造性语言便是幽默。

幽默的逗笑，其来源只能在于人与人之间发生，生活中人与人交往主要靠语言，在语言里添加幽默的笑料，往往会出现意想不到的效果。幽默，可以帮助人们以社会许可的方式表达出内心长期被压抑的思想。通过幽默，人们可以不需要担心害怕自我或超我的反击，可以自由表达内心的焦虑，在谈笑间释放那些烦躁的情绪和担忧的心情。

有幽默感，对于人们来说是一个非常可贵的品质。幽默有助于消除对方的敌意，缓解摩擦，防止矛盾冲突再升级。事实上，幽默还可以鼓舞士气，提高工作效率。美国科罗拉多州的一家公司通过调查证实，那些参加过幽默训练的中层主管在短短9个月内生产量提高了15%，病假次数减少一半。挪威研究显示，拥有幽默感的成年人比缺少生活乐趣者更长寿，极具幽默感的癌症患者比起缺乏幽默感的患者，死亡率低70%。通过幽默排解烦恼、调节心理，利于人们以更饱满的精神去应对生活和工作，从而赢得成功的人生。幽默让生活更富于乐趣，让人生更精彩。

作者

2019年12月

目　录

第01章

幽默是智慧的体现，是人缘的磁石

心理学家凯瑟琳说："如果你能使一个人对你有好感，那么也就可能使你周围的每一个人甚至是整个世界的人都对你有好感。只要你不只是到处与人握手，而更是以你的友善、机智、幽默去传播你的信息，那么时空距离就会消失。"幽默是智慧的体现，更是人缘的磁石。

幽默代表力量与活力

幽默具有无穷的力量，有时甚至会超过伶牙俐齿。幽默的力量可用来释放你自己，使你的精神超脱尘世的种种烦恼。幽默可增加你的活力，使生活多一点情趣。幽默的力量能使你令人难忘，同时给人以友爱与宽容。除此以外，幽默还能润滑现实，超越用其他方法无法超越的限制，委婉表达自己的观点。

有幽默感并且在事业中功成名就的人，会经常接收到来自他人的幽默，同时也常常以幽默的力量回报对方。因此这些人能够在交际中缩短与普通人沟通的距离，其成功的宝座就会越坐越稳。

与你的下属一起快乐，并不是以你自己为中心，而是以关心他人的方式来邀请他和你一起笑，进而引发足以激励他人的幽默力量。

职员："老板！"

老板："什么事？"

职员："我老婆要我来要求您提拔我。"

老板："好吧！我今晚回家问问我老婆是否同意提拔你。"

这是以其人之道还治其人之身。幽默的背后蕴含鞭策，通过对自己的取笑来达到激励对方积极向上的目的。

幽默的力量是属于你的，是你和你在人生中所扮演的角色所拥有的。这种力量能使人解脱，它使人自由自在地表现自己，表达自己的想法，并表露自己的感受，而得以自由地去冒险，表现不平凡的作为，创造有意义的人生。

幽默，说话的最佳艺术

正所谓笑可以缓解人们的情绪，能表达出人类征服忧患的能力，也能增进人们的友谊、信任和联系，而幽默的笑则是一种有趣的、高尚的、会心的、意味深长的笑。在演说、谈话中，一些就地取材的诙谐语言、灵机一动的智慧闪光、不露痕迹插进的成语典故和幽默笑谈，既使讲话者调节了节奏，也使听者解除了疲劳，从而给人以美的享受。

在人际交往中，当矛盾发生时，对于那些缺少幽默感的人，会把事情弄得越来越糟；而幽默者则能使交际变得更顺利、更自然。幽默是一种优美、健康品质的体现。一个幽默过人的人，往往在悲苦时会显得轻松，欢乐时会显得含蓄，危险时而显得镇静，讽刺时不失礼，孤独时不绝望。

不仅如此，幽默还可作为一种避免得罪人的“火力侦察”。当一个人准备向自己的友人提出某项要求又摸不准对方态度时，可用幽默之语“放气球”，若对方由于某种原因不能或不愿满足你的要求，可以用开玩笑的方式加以推脱，这样就不至于因为被拒绝而陷于尴尬境地，双方的自尊心也都不会受到伤害；若以幽默含蓄的方式提出的要求被对方应允了，则可以继而转入进一步的讨论，落实此事就不在话下了。

幽默还有稳定情绪、减低愤怒、“化险为夷”的功能。在一个团队中，假如即将爆发尖锐的冲突，这时如果有人插科打诨，运用几句妙趣横生的言辞，则可能化干戈为玉帛，使剑拔弩张变为过眼烟云，从而避免一场“针尖对麦芒”的交锋。

幽默效应，缩短彼此间的距离

幽默往往会以使人愉悦的方式表达人的真诚、善良和大方，它就好比是架设在人与人之间的桥梁，有效地拉近了人与人之间的距离，填补了人与人之间的隔阂。幽默的力量是不容小觑的，在现实生活中，有可能仅仅是一句风趣的话，就可以令身边的人对自己刮目相看。当然，我们不能过分地夸大幽默的作用，但幽默最大的特点就是可以令人感到快乐。可以说，幽默是人类独有的特质，是智慧的体现，因为它可以化解许多人际间的冲突或尴尬的情形，可以化怒气为豁达，同时还会给身边的人带去许多的快乐。那些富于幽默感的人走到哪里都会受人欢迎，因此我们可以说：“幽默可以缩短人们之间的距离。”

幽默风趣的王先生借用朋友的豪华别墅举办了一次晚会，当活动即将开始的时候，助理小张却急匆匆地跑来，一脸的自责表情，说：“在我们购买东西回来的时候，苹果不知道什么时候掉了一袋，剩下的可能不太够用，这里离市区那么远，怎么办呢？”

王先生灵机一动，笑了笑，只是轻声地问道：“有没有哪一种东西准备多一点的？”助理小张回答说：“小点心准备得很多，应该还会有剩下的。”听到这样的答案，王先生松了一口气，拍了拍助理小张的肩膀，安慰道：“没关系，有我呢。”

晚会开始了，人们都看到苹果盘前面放了一块小盘子，上面写着：“上帝正在看着你，请别拿太多了！”大家看到了，忍不住笑了，都很小心地只拿了一个苹果，走了几步又看到放小点心的盘子前也立了一个牌子，上面写着：“不要客气，要多少拿多少，上帝正忙着注意前面的苹果呢！”看到这样几句话，大家都笑弯了腰。当然，这场晚会虽然缺少了一些苹果，却让宾客尽兴而归。

幽默是什么？幽默就是快乐，无比的快乐。幽默带给我们最多的就是快乐。生活中，只要我们稍动脑筋，人生就处处充满了幽默，处处充满了欢声笑语。幽默的力量，不仅仅在于化解困境，更关键的在于在化解尴尬的同时能带给我们快乐。人生好比一张白纸，我们可以乐观地在这张白纸上画出美丽的色彩，也可以悲观地在这张白纸画出沉闷的黑色基调，不过，只要我们心怀阳光，乐观积极，那我们就会用幽默来驱散内心的不快，让自己成为一个无比快乐的人。

一位年轻人骑着新买的摩托车在大街上闲逛，不料，“哐当”一声，那崭新的摩托车撞上了小轿车，幸好的是人没事。小伙子一边查看那辆崭新的摩托车被撞后的残骸，一边面对围观的人说：“唉，我以前总说，有一天能有一辆摩托车就好了。现在我真有了一辆，而且真的只有一天。”围观的人听了，都哈哈大笑起来。

在这个小故事中，对这位年轻人而言，自己的摩托车被撞已经是无法挽回的事情了。但天性乐观的他并没把这件事放在心上，而是善用幽默的力量，这样既减少了自己的痛苦和内心的不愉快，同时还给那些围观的人带来了快乐。

幽默的特点是机智、自嘲、调侃、风趣等，幽默不仅能给我们带来快乐，同时还可以消除敌意、缓解摩擦、化解矛盾。可以说，在日常交际中，那些富于幽默感的人，通常会拥有好的人缘，在短时间里可以缩短人际交往的距离，从而赢得对方的好感和信赖，而那些缺乏幽默感的人，则会在一定程度上影响交往，而且会使自己在别人心目中的形象大打折扣。幽默感有助于一个人的身心健康。在日常交往中，我们要善于主动交际，扩大交际面，与人为善，主动帮助他人，从而体验幽默的乐趣。

用幽默化解生活中的烦恼

烦恼对寻求幸福快乐的人来说，是很危险的情绪，它有魔鬼一样的力量，稍不留意我们就可能被它拖向精神崩溃的地狱。因此，聪明的人不能不思考解脱之道。

幽默还能将我们从烦恼中解脱出来。一般人生病住院或遭受意外伤害的机会并不多，而高龄、肥胖以及囊中羞涩等却常会给我们增加很多困惑，将我们的好心情消磨得干干净净。面对上述这些情形，在没有力量改变现状的情况下，最好的办法莫过于一笑置之，洒脱对待。

我们都熟悉那个永远是乐呵呵的大肚弥勒佛，他的哲言是：大肚能容，容天下难容之事；笑口常开，笑世上可笑之人。我们应该学学这位乐观的智者，在遇到令我们烦恼的事或人时，不妨笑一笑，或来点幽默，不要把它看得太严重。总之，不要自我折磨，自寻烦恼。

死亡、离婚、疾病……这些都是令人烦恼的事，但心胸开朗的人却能以微笑对之。俄国作家契诃夫说：“愉快的笑声，是精神健康的可靠标志。”让我们记住古人的话：“应世法，微微一笑。”用微笑和幽默来面对人生与生活中的各种烦恼。

在现实生活中，很多人容易让一些微不足道的小事造成不愉快的心境，心绪烦躁，又不能自觉地去反思、去自责，于是心理不平衡或闷闷不乐，或郁郁寡欢，或牢骚满腹，或大发雷霆。以这种焦躁情绪待人处世，生活氛围必定会被弄得更糟，从而产生一种恶性的情绪循环。

幽默的人在满足中获得前进的动力，绝不在烦恼和抱怨中消弭自己的进取心。有幽默品质的人善于拨动笑的神经，笑天下可笑之人，容世间难容之事。

幽默可以提升你的人格魅力

人的幽默感是心智成熟、智能发达的标志，是建立在人对生活的公正、透彻的理解之上的。理解生活应当说是高层次的能力，在此基础上，才能形成更好的生活能力。

俄罗斯有一位著名的丑角演员尼古拉，在一次演出的幕间休息时，一个很傲慢的观众走到他的身边，讥讽地问道：“丑角先生，观众对你非常欢迎吧？”

“还好。”

“要想在马戏班中受到欢迎，丑角是不是就必须具有一张看起来愚蠢而又丑陋的脸蛋呢？”

“确实如此，”尼古拉回答说，“如果我能有一张像先生您那样的脸蛋的话，我准能拿到双倍的薪水。”傲慢的观众本想借此为难一下尼古拉，却反受到尼古拉巧妙而机智的还击。

从某种意义上说，培养自己的幽默感，也就是培养自己的处世、生存和创造的能力。有较强生活能力的人，通常也是一个有影响力和感染力的人。

一个人是否有影响力，在一定程度上取决于他是否具有幽默感，是否掌握了幽默的艺术。著名诗人惠特曼是一个富于幽默感的人，而且他的幽默常常具有攻击性。也许，正是这种富于攻击性的幽默，更增强了他的影响力。

一个掌握幽默艺术的人，他的幽默语言和行为会一传十、十传百，成倍地扩展。如果幽默的语言行为中有他的思想、观点，那么，就会有很多人来传播他的思想、观点。幽默的涟漪或效果一旦产生，所要传达的信息也随即被他人接受。无论他人是反对还是支持，至少他已了解了你的想法，于是你的影响便由此而产生。

幽默，是一门魅力无穷的艺术。幽默用它特有的魅力吸引着无数人，使他们为之倾倒。世界各国的人都以其特有的方式体现着他们的幽默智慧。

真正的幽默来自智慧

幽默是人际关系的调节剂，更是调节身心的有力工具。汤玛斯·未来尔说："真正的幽默不是来自情绪，更多来自智慧。"幽默是思想、学识、智慧和灵感在语言中的结晶，是一瞬间闪现的光彩夺目的火花。幽默是生活中不可缺少的甘甜调料，没有幽默的生活是一种酷刑。

的确，生活是一片片时时散发着七彩阳光的云彩，没有了风雨彩虹和空中飞翔的鸟儿的点缀，就会从此陷入一片黑暗之中。生活是一个能让人们在上上下下、前后左右的转动中，变幻出各种不同颜色和造型的万花筒，如果没有了七彩颜色的点缀，只是一个没有任何用途的空筒。而这些点缀，就是幽默，没有幽默，就不称其为生活。幽默感对我们工作和生活的很多方面都可以起到推动作用，具有重要的意义和价值。

其实，对于拥有着成熟思维，有着自己的处事方式方法的人来说，又何尝不是同一个道理？对于单调的日子而言，时时地给自己的心情来一些健康积极的幽默本色。不但能让自己在这种轻松的幽默嘻笑中得到快乐舒畅的好心情，还能给所有被这种健康向上的幽默语言感染到的人们，也得到了同样的开心和放松。

万物的生长，因为有了阳光雨露的滋润，才能生长得更茂盛和郁郁葱葱。人们的丰富多彩的生活，同样也离不开人们自己对于生活的信心和热爱，以及对未来能够更美好的信心的培养。无论是对自己还是对身边的所有人而言，只要是非原则之事，只要是建立在尊重他人的基础上，无论是被他人幽了一默，还是他人被你善意地幽上一默，就用大度、莞尔一笑来面对别人善意的幽默。又何妨？

具体说来，在我们面对以下几种情况时，都可以借助幽默的力量调节。

（1）面对工作压力。

（2）面对伤感失落。

（3）面对衰老疾病。

幽默是一种善意和微笑，这种微笑是一种高雅的会意过程，可以使人达到一种优秀的性格品质。这不是因为幽默体现着一个人的处世哲学和机智聪敏度，而是幽默具有强大的感染力和影响力，能够营造一种轻松自由的环境气氛。

我们每个人都想要生活得更开心，都想要避免压力带来的痛苦，那么，从现在开始努力，让自己做一个具有幽默细胞的人吧！

第02章

幽默口才让你话里话外赢得好感

幽默是一门交际中高雅而有效的艺术，更是人与人相处的润滑剂。一个说话诙谐有趣的人，往往能成为社交场合的“中心”，备受人们的欢迎，容易获得身边人的钦佩与欣赏。所以，幽默是衡量一个人赢得人缘能力大小的标准之一。

幽默可以建立良好的沟通力

美国心理学家赫布·特鲁说："幽默可以润滑人际关系，消除紧张，减轻人生压力，使生活更有乐趣。它把我们从个人小天地里拉出来，使我们一见如故，寻得益友。它帮助我们摆脱窘迫和困境，增强信心，在人生的道路上知难而进。"所以，我们说幽默是一种奇妙的沟通方式，只要在沟通中融入了幽默的元素，那这次沟通就是令人愉悦的。幽默可以建立良好的沟通力，从而帮助我们解决一些生活中的难题。在日常交际中，一个卓越的沟通家往往并不是最会说话的人，但是，他们却善于运用幽默，透过幽默的表达方式，能够让听众更容易接受他话里所表达的意思。幽默本身就有一种神奇的令人感到快乐的力量，因此，幽默是一种奇妙的沟通方式。

王蒙先生不单单是一个作家，而且他还是一个出了名的幽默大师，在他的许多文学作品中都蕴含着幽默、诙谐、辛辣、豁达的语言。

有一次，王蒙先生应邀到上海某大学演讲，当时台下同学的积极性并不是很高，于是，风趣的王蒙先生便以幽默的方式开了头："由于我这几天身体不太好，感冒咳嗽，不太能说话，还请大家谅解。不过，我想这也不一定是坏事，这是在时刻提醒我——多做事少说话……"他的这句幽默的开场白立即把台下同学的情绪调动起来了。于是，台下的同学纷纷竖起耳朵，打起精神来听这位王蒙先生的讲座。在他的整个演讲过程中，诙谐的语言不断，台下的掌声也不断。

当王蒙先生提到读者与作者的关系以及如何更好地把握一部作品的时候，本来在台下同学看来这是一个很严肃的话题，但王蒙先生却以风趣的语言做了这样的解说："……我希望大家在评论一部作品时，不要轻易下结论，要反复地多读几遍，读懂、读透。千万不要像有些人那样，看到我走路先迈左脚，就说'王蒙犯了左倾主义'；看到我先迈右脚，又说'王蒙又犯了右倾主义'；如果我因为感冒咳嗽用手绢擦了擦流出的鼻涕、眼泪，他就喊'王蒙现在又沮丧、颓废啦'……"如此犀利、生动的诙谐语言，充满了幽默感。本来台下恹恹欲睡的同学完全被王蒙先生的风趣所吸引，他们的热情被点燃起来，在王蒙先生结束演讲之后，许多同学还对他恋恋不舍，想再听他讲一次。

在日常交际中，幽默就像是必不可少的调味剂，如朋友聚会，结伴旅行，当大家都感到疲惫或长时间静坐无语的时候，这样的气氛是让人感到沉闷和难受的。这时，假如一个幽默的人说了一句笑话，那一定可以改变当时的气氛，让人们忘记暂时的疲惫和烦恼。若是在朋友聚会中适当开个玩笑，那也带给大家一个活跃的气氛，让彼此的友谊更加坚固长久。

众所周知，乱丢垃圾是一个十分让人头疼的问题，不过，荷兰一座城市却用了一个十分有趣的办法，让这座城市变得非常干净。这个城市曾采用增加罚金和加强巡视的方法治理乱丢垃圾的问题，不过这样所起到的效果是很小的。后来，城市管理者想到了一个办法，那就是在垃圾桶上装一个录音机，让垃圾桶和那些乱丢垃圾的人“说话”，每当有垃圾倒入垃圾桶里之后，垃圾桶就会说一段笑话，不同的垃圾有不同的笑话，用这样的方式来吸引更多的人主动自觉地倒垃圾，当然，所起到的效果是很大的。

类似的幽默在美国也有，在美国的一些垃圾桶，每当有杂物丢入之后，它就会说：“好吃，好吃，再给我吃点。”幽默的神奇在于，当我们善于用幽默表达意见之后，更容易被人接受，这样一来，彼此的沟通自然会更加和谐。

幽默是一种乐观豁达的态度

有一位研究幽默的学者曾经说过："人需要幽默，如同树木需要阳光、空气、水。幽默感是现代人应有的素质。"后来，有人对这句话做了补充和解释："对疲乏的人们，幽默就是休息；对烦恼的人们，幽默就是解药；对悲伤的人们，幽默就是安慰……"生活在这个世界中，我们如果想要一个愉快的生活和轻松的环境，就需要幽默来装饰和点缀，生活的闲聊需要幽默，平凡的日子需要幽默，在这里，幽默所体现的不仅仅是一种语言技巧，而是一种生活态度，一种乐观、豁达的态度。

一位老人在他八十大寿那天，子孙们为了表示孝心，就在家里为他设宴祝寿。全家人众星捧月般地围绕着老人，一边向他敬酒一边谈笑风生，祝他老人家福如东海，寿比南山。正在这个时候，突然传来"叭"的一声巨响，众人顺着声音望去，原来是上高三的孙子把热水瓶给踢倒在地爆炸了。

当地是很忌讳在生日宴会上打碎东西的。家人都纷纷用责怪的目光看着孩子，这个孩子也手足无措地站在一边，等着爷爷的发怒。但是爷爷并没有任何不高兴，反而哈哈一笑，安慰孙子说："这个热水瓶碎得正是时候啊，今年我的孙子要考大学了，自然不能停留在原来的‘水平’上。今天他在这个喜庆的日子里，打破了旧水瓶，好比是为我放了一挂鞭炮，不仅是孝心的表现，同时也是金榜题名的好兆头啊，你们说是不是这样啊？”

众人听了都长吁一口气，对老人的机智和宽阔的心胸表示由衷的敬佩。接下来，生日的喜庆气氛就更加热闹了，摆脱了窘迫处境的孩子这时候也挠挠头，不好意思地笑了起来。

在平凡的生活中，几句闲聊，幽默的语言能够将生活中烦恼的事情用轻松诙谐的语言化解掉，给人一种开朗和乐观的美好印象，同时也能够迅速消除人与人之间的陌生感，让别人的心里对你很自然产生一种亲近之情。

富有智慧的古希腊人，把幽默看成处世的法宝。他们认为幽默是人类最高级的智慧，可以用快乐和笑声来表现深层的生活哲理。可惜，不少现代人因为整日的忙碌而忽视了幽默的存在。大街上步履匆匆的上班族总是流露出憔悴的神情，办公室里的白领整日因为沉重的工作而难见一丝笑容，巨大的社会压力和日益加快的社会节奏让每一个人的脸色都变得十分僵硬，在思维上也陷入一片麻木，停滞不前。其实，我们不妨把心态放开些，学着运用幽默的智慧为枯燥无味的生活添加一些佐料，用幽默来作为调节心情的得力工具。当我们用幽默的态度来看待一切的时候，我们就能看到明媚的阳光，闻到阵阵花香，生活也就变得富有意义。

用诙谐的评语来代替抱怨

下面例子中的情况似乎是司空见惯的：差不多在任何情况下，以富有幽默感的评语来代替抱怨，都可以使你得到比较周到的服务，包括从餐馆点菜到抗议商店出售伪劣的商品。

托马斯·卡莱尔对幽默的理解可以说是具有真知灼见的。他说："真正的幽默是从内心涌出，更甚于从头脑涌出。它不是轻视，它的全部内涵是爱和争取被爱。"他还说："幽默力量的形成主要在于我们的情绪，而不在我们的理智。你的幽默力量是你，是你以愉悦的方式表现出来的你。它表达出你个人的真诚，你心灵的善良，你对别人、对生活的爱心。你能够真正掌握幽默这种力量，那么你也能够表现不平凡的作为，创造有意义的人生。"

有人认为幽默只是一种轻浮，是巧舌如簧。这种人把生活过得干涩而痛苦，他不懂得幽默，也就从来不会实现精神上的超越。一个毫无幽默感的人，他一生中的困难最多，对自己、对别人的伤害也最大。

当然，如果把幽默作为攻击、讽刺、伤害或是责备他人的武器，那么只会杀死别人的感情，最终也杀死自己的感情。这样的幽默是酸溜溜的，毫无可取之处，而你将在别人心目中变成一个干瘪而可怕的人。

所以，真正的幽默不仅是在严肃与趣味之间达到相互的平衡，而且是要剥去虚假的“关心、爱护的外衣”，在爱与争取被爱的前提下摆脱不健康的“情绪”，认真思考一下自己错误的想法、肤浅的观点和偏差的价值观，进而使我们的身心和周围的一切达成更和谐、更融洽的氛围，实现更好的人际沟通。

不消说，我们希望和幽默的人一起工作，我们愿意为具有幽默感的人做事。女人喜欢选择天性诙谐幽默的男人做丈夫，学生渴望老师把枯燥的学问讲得妙趣横生。同样，我们要求商场和工厂的管理人员应具备幽默，更希望政府官员多一点幽默感。政治家在竞选时不忘多多利用幽默，孩子也会因为父母创造的幽默环境而心智活泼健康。此外，还有文学、音乐、绘画、雕塑、戏剧等艺术，无一不是在追求幽默。

这一切足以说明，幽默是一种文明，它产生在人们的爱与争取被爱的基础上，是人们改善自己和面对生活困境时所产生的一种需要。

幽默使寒暄变为有趣的交谈

游走在社交场合的我们虽然名片越来越多，但真正无话不谈的朋友却很少，似乎大多数都是场面上的朋友。与人见面，无非就是“您好”“再见”，除此之外，似乎再也没有什么话可说了。对于交际场合中的朋友，即使打了招呼“您好”，还需要巧妙周旋几句才能说“再见”。许多善于运用幽默的社交高手，几句风趣寒暄下来，就拉近了彼此的心理距离。等到下一次见面的时候，那些场面上的朋友已经成为很好的朋友。在生活中，客套的“场面话”是不可或缺的，它就犹如黏合剂，拉近了人与人之间的心灵距离。一旦缺少了适时的场面话就使整个交谈显得尴尬窘迫，甚至不知道下句话该说些什么。特别是对于那种还比较陌生的朋友，适时的场面话更不可缺少。所以，在日常交际中，我们需要适时风趣地寒暄几句，给人留下深刻的印象。

新年就快到了，公司为了庆祝，特地举办了一次鸡尾酒会。销售部最年轻的经理小王也参加了，跟不同的客户寒暄了几句，小王就躲进角落里喝橙汁。他不太擅长说场面话，所以，自己躲起来落个清静。没想到，一个商人模样的老外却走过来打招呼，小王赶紧放下冰橙汁，与他握手。那个老外笑着说：“为什么你的手冷冰冰的呀？”小王忙着解释，朝那杯冰橙汁乱指，老外马上摇头：“不不不，你只需要说‘但我的心是热的’就行了。”小王窘迫地笑了。

也许，老外并不关心小王的手为什么是冰冷的，而小王也没有必要解释为什么自己的手是冰冷的。当两个陌生人见面了，他们所需要的只不过是风趣地寒暄几句，这样可以在有限的时间内给人留下深刻的印象。一般情况下，那些诙谐幽默的场面话，定会给对方留下深刻印象，无形之中就会拉近彼此的心理距离。

在日常交际中，寒暄的目的就是认识朋友，同时也是为了增进彼此的感情。我们开口所说的话，就表达了自己的情绪和情感，我们所想要传递给对方的信息全在这一句话里，因此，一定要增加幽默的元素、风趣的话，这样往往能起到意想不到的效果。

寒暄是人们在应对各种关系时的现象之一，这是日常交际的需要，但这并不意味着你的寒暄话说得越多越好，而是越风趣越好。毕竟，在交际场合中，人们所听到的寒暄并不少，他们只会记住那些特别的。而幽默是完全具备这个特质的，当许多人习惯性地说“您好”，你却风趣地称呼一声“这个世界太小了，竟然在这里遇到你了”，肯定会给对方留下十分深刻的印象。

幽默快速消除与陌生人的距离

恩格斯曾说："幽默是具有智慧、教养和道德的优越感的表现。"在生活中，幽默可以快速地消除人与人之间的陌生感，同时增添我们的个人魅力。一般而言，幽默就是将生活中那些各种令人烦恼的问题用轻松诙谐的语言表达出来，如果我们想在人前留下好的印象，就需要运用幽默的力量去消除彼此的陌生感，让陌生人不再陌生。两位才刚刚认识的朋友，在闲聊中谈着天气、物价这样的无聊话题，都有一种没话找话的那种感觉。这时一人幽默地说："说实话，我实在想中止这种无聊的话题，但我不敢，因为我怕因此中止了我们刚刚建立的友谊。"另一人笑了，在笑的同时也同意了这个说法。于是，两人的谈话内容自然转移到了他们共同感兴趣的事情上，而彼此之间的心理距离也近了。

在抗日战争赢得胜利之后，著名国画大师张大千正要从上海返回四川老家。临行前，他的学生糜耕云设宴为大师饯行，在这次宴会中还邀请了梅兰芳等社会名流出席。宴会开始的时候，张大千先生向梅兰芳敬酒时说："梅先生，你是君子，我是小人，我先敬你一杯。"梅兰芳不解其意，忙含笑说："此作何解？"张大千先生忙笑着回答说："你是君子——动口，我是小人——动手。”张大千先生的风趣引得所有宾客为之大笑。

或许，许多人不知道，正是因为初次见面中张大千先生的幽默，才使得他与梅兰芳成为一生的挚友。假如张大千不是一个懂得幽默的人，按照梅兰芳的性格，他是很难与梅兰芳建立深厚的友谊的。在这次见面中，张大千先生以幽默消除了两人之间的陌生感，使得他们成为好朋友。

有一次，鲁迅先生和几个人谈起国民党的一个地方官僚下令禁止男女同在一个学校上学、同在一个游泳池里游泳的事情。鲁迅先生就说：“同学同泳，皮肉偶尔相碰，有碍男女大防，不过禁止之后，男女还是一同生活在天地中间，一同呼吸着天地中间的空气。空气从这个男人的鼻孔呼出来，被另一个女人的鼻孔吸进去了，淆乱乾坤，实在比皮肉相碰还要坏。要彻底划清界限，不如再下一道命令，规定男女老幼，诸色人等，一律戴上防毒面具，既紧张空气流通，又防抛头露面。这样，每个人都是……喏！喏！”说着，鲁迅先生站了起来，模拟戴着防毒面具走路的样子来，在座的几个人顿时觉得与这位大文豪的距离拉近了。

幽默就像是微笑，它是可以感染人的。即便是初次见面，或是相识不久，只要我们善于运用幽默，那就可以快速消除彼此之间的陌生感，从而让大家变成朋友。这就是幽默的力量，所以，在日常交际中，当我们想要与陌生人成为朋友，那不妨幽默一下，相信很快你们之间就会变得不再陌生了。

日本说话艺术家福田建先生曾说：“笑容可以招来笑容。”也就是说，当我们用微笑面对他人的时候，别人也会以同样的笑容来回报我们。所以，我们常常会说：“笑是一种可爱的传染病。”而那些被幽默传染的人不仅浑身舒畅，而且还无比快乐。幽默，不仅仅是一剂人际关系良好的万能药，还是一剂最好的特效药。当我们幽默面对陌生人，把快乐传染给陌生人，那陌生人也会还我们一个微笑，这就是最绝妙的人际相处模式。

自我解嘲，唤起对方的同情

在双方交谈刚开始，尚未开宗明义之前，来一个巧妙的逸乐幽默，使对方处于欢乐激情之中，就像刘姥姥进大观园那样，首先给被求方以轻松感，然后再从侧面谈及家之苦，把被求方的骄傲情绪和同情心调动起来，他们自然乐于施舍于她了。利用自我解嘲幽默，可生动地暗示自己的处境，唤起被求方的同情。

幽默地面对生活，借着笑的分享，你就可以把琐细的问题摆在适当的位置，这些问题和你整个生活相比就显得很小了，这有助于你轻松地获得愉悦的心情，使你重振精神。

有时候，我们难免会撒谎或者欺骗他人。而当我们偶尔犯了错误受到谴责的时候，总是希望得到他人的谅解。我们相信，绝大多数人是诚实的、善良的，因而我们可以学会采取幽默的方式争取他人的谅解。

有时候，做错了事情又被别人撞上，往往会出现尴尬的局面。面对这种无奈，我们只有采用幽默的方式来争取他人的原谅，用幽默营造一种“山重水复疑无路，柳暗花明又一村”的境界。

心理学中有一条规律：我们对别人表现出什么样的态度和行为，对方往往会做出同样方式的反应和回答。西方有句谚语说得好：“把对方想象成天使，就不会遇到魔鬼。”当我们因做错事情而损害他人的利益时，更应该以知错求改的幽默态度来和对方交流，以争取对方的谅解。

第03章

幽默助你调制出百变的欢乐气氛

在任何交际场合，人们都讨厌沉闷的氛围，喜欢轻松愉快的氛围。无论是同事聚会、朋友见面，都需要和谐轻松的气氛。这时一个笑话、一句恰到好处的幽默，便可调制出百变的欢乐气氛，从而推动交流、促进情感。

几句玩笑，缓和紧张的气氛

幽默是人际关系的润滑剂，幽默可以让激化的矛盾变得缓和，从而避免出现令人难堪的场面，化解对方的敌意情绪，从而使问题得到更好的解决。在日常交际中，当交流的双方因一个问题争执起来，或者彼此沉默不语的时候，那就表示气氛开始紧张了。这时如不加以制止，就有可能剑拔弩张，甚至导致关系更加恶劣。对此，当交际出现障碍，交流无法正常继续的时候，我们就需要请“幽默大师”出场了。在紧张的气氛中，幽默可以说是最好的润滑剂了，几句玩笑，一个诙谐的笑话，都可以令紧张的气氛缓解下来，重新恢复到愉快的交际氛围。

有时候，我们会有意识地使用同一个词或同一句话，在同一个言语环境中有两重意思，也就是利用语言的多义性，使讲话含义不仅表现在某个词或一句话的字面意义上，而隐含在这个词或这句话的背后的含义才是真正的表达意图。通俗地讲，就是表面上说是这件事，实际上是指另一件事。这对于提升语言的艺术色彩力有着非常重要的作用，既可使讲话简单明了，又使讲话含蓄自然、幽默风趣。

场面尴尬时不如打个圆场

中国人素来爱面子，尤其是在人际交往中，更是处处怕失了面子。但人们在处理人际关系的时候，也会因经验或能力的不足而面临尴尬的局面，或与客户争吵，或被上司批评，或被同级嘲笑，等等，此时，他们都希望能保住面子，保持尊严。如果我们能巧妙地打圆场，帮对方找到一个台阶，从而让他摆脱难堪的局面。那么，对方一定会从心底感激我们。

在交际场合中，如果某个较为严肃、敏感的问题弄得交谈双方很对立，甚至阻碍交谈正常顺利进行时，我们可以暂时让它回避一下，通过转移话题，用一些轻松、愉快的话题来活跃气氛，转移双方的注意力，或者通过幽默的话语将严肃的话题淡化，使原来僵持的场面重新活跃起来，从而缓解尴尬的局面。例如，朋友之间为了某个问题争得面红耳赤、僵持不下时，可以适时说一句“要把这个问题争得明白，比国家足球队赢球还难”；或者说一个笑话，让双方的情绪平缓下来，让尴尬在轻松的气氛中消逝殆尽，使交际活动得以顺利进行。

可见，交际中遇到尴尬的场面时，做到审时度势，准确把握双方的心理，然后运用说话技巧，借助幽默风趣的话语及时出面打圆场，化解尴尬，维护交际活动的正常进行，就显得十分重要和宝贵，也确实是十分必要和值得重视的。

有时候当人们因固执己见而争执不休时，造成僵持局面难以缓和的原因往往已不是双方的看法本身，而是彼此的争胜情绪和较劲心理在作怪。实际上，对某一问题的看法本身常常并不是固定不变的，随着环境的变化和角度的转移，不同乃至对立的看法可能都是合理和正确的，因此，我们在打圆场时要抓住这一点，帮助争论双方换一个角度来看待争执点，灵活地分析问题，使他们认识到彼此看法的相对性和包容性，从而让双方停止无谓的争论。

总之，打圆场是一种语言艺术，但打圆场必须从善意的角度出发，以风趣的话语去缓和紧张气氛，调节人际关系，而从我们自身来说，掌握交际双方的心理，运用说话技巧，帮人夺回面子，也可以使我们在交际场合左右逢源。

幽默是有效的空气清新剂

风趣的语言通常会营造出一种轻松愉快的氛围，同时还可以帮助我们驱除沟通中的疲劳感。在日常交际中，当我们参加宴会的时间长了，就会感到精神疲惫，又如在一些比较庄重、严肃的场合，或等待某一些重大结果的时候，人的精神往往是疲惫的。这时，我们就可以通过幽默的语言进行适当宣泄，不但可以营造轻松的氛围，而且可以让我们疲惫的神经获得短暂的休息。

从前，有一群印第安人被白人追赶，逃到了某个地方，他们的处境非常危险。族人都着急了，不过，他们却又没有勇气去询问首领该怎么办。就在这时候，首领把族人都聚集了起来，他希望通过自己风趣的语言来安慰族人的心情，希望能营造一个好的谈话氛围。

于是，首领对族人说："有些事我一定要告诉大家，我们的处境看起来很不妙，我这里有一个好消息，也有一个坏消息。"顿时，族人开始骚动起来。看见大家紧张的反应，首领说："首先，我要告诉你们坏消息。"所有人都紧张地站着，神色很惶恐，首领开始宣布了："除了水牛的饲料以外，我们已经没有什么东西可以吃了。"听了首领的话，族人开始你一句、我一句地议论了起来"那怎么办呢，饿死吗""真是可怕"。议论了半天，终于有一个年轻人鼓起勇气问道："请问好消息是什么呢？"

首领笑着回答说："那就是我们还存有很多的水牛饲料。"听了首领的话，族人都笑了起来，原来他们的首领并不严肃，还是一个说话幽默的人。一时之间，族人那种紧张不安的情绪不见了，取而代之的是愉悦的氛围。

美国一位心理学家说过：“幽默是一种最有趣、最有感染力、最具有普遍意义的传递艺术。”可以说，幽默是可以达到气氛轻松、融洽，有利于交流的一个高手。在一些没有必要去装严肃的场合，也可以幽默一下，这样可以制造愉悦的气氛，会让每个人都有一个很轻松的心情。

风趣诙谐的语言可以起到很好的营造气氛的作用，在交际这样的场合，风趣的语言是十分有必要且很重要的。特别是在初次见面的时候，假如立即无所顾忌地大声说笑，那就会显得十分唐突。不过，假如在交流不畅的情况下，那么适当的风趣语言却是有效的空气清新剂，这样可以缓和当时的尴尬气氛，从而让交流更加顺利地进行。

善用冷幽默，不经意的风趣

冷幽默是那种听完后需要思索一番才能明白其中的诙谐之处的幽默，是淡淡的在不经意间流露出来的让人发愣、不解、深思继而才能大悟的幽默。大多数冷幽默内容比较奇怪，实际意义不大，而且比较无聊，是那种高深、深沉的哲人才玩得起的幽默。而热幽默是相对于冷幽默而言，一听就明白搞笑的地方，使人大笑不已的幽默方式。简单来说，冷幽默是卓别林，热幽默则是憨豆先生。

对于我们来说，前者之“费解”“枯燥”，后者之粗俗傻气，都不是很好的幽默方式。好的幽默必须是温度适宜的，让人能看得懂，但又透露出智慧的闪光点，是含蓄婉转的，但绝不晦涩难解，就像几米的漫画或经典语录，简单温馨的话语中透露出智慧和彻悟，诙谐中含着内涵丰富的调侃打趣。

一个女律师在和男朋友亲密后讲了一个笑话：“接吻是行为人与相对行为人之间以行为做出的意思表示，但具有很高的不确定性，需要进一步的解释。”结果这个专业的冷笑话被男朋友消化了很长时间也反应不过来。

幽默的方式如果过于直白，就变成喜剧加闹剧，固然能让人爆笑，却缺乏一点让人冷静思考的智慧。如果自己的幽默不能让人会心一笑，没有回味的余地，这种直白的爆笑式、无厘头式的幽默最好不要表现出来，否则会显得自己涵养不够，太浅白粗俗。搬来的笑话、无厘头的电影台词、明显丑化自己来取悦他人的动作或语言、粗话荤话最好都不要说，这样有损我们的涵养和形象。幽默的形式最好含蓄一点，生动有趣的语言和曲折的说法，能够产生足够的幽默效果，如果学会“把简单的事说复杂或把重要的事轻描淡写”而不要过度则更能体现女人特有的俏皮。

荷兰人和比利时人共同驾车出游，荷兰人突然问：“我送你一样东西好吗？”比利时人答道：“那当然好，多谢。”于是荷兰人把车门玻璃摇下来对着比利时人用力扇了扇说道：“给你，很新鲜的。”听到这个笑话，你肯定摸不着头脑，这个笑话其实是讽刺荷兰人有多吝啬的。

我们可以用自己的专业术语或者文言文、半文言文、书面语来开玩笑，或者讲某些民族性、宗教性强的笑话，往往因为过于晦涩费解而成为冷笑话。在冷幽默的时候，尽量用通俗的语言，说受众能够听得懂接受得了的笑话，才有幽默的效果，否则就容易冷场。

在冷幽默中，可以打趣，可以调侃，可以讥诮，可以戏谑，可以讽刺，但最好不要刻薄和嘲笑。情调要温馨、平和，无论是批评还是讥诮都要有度，要顾及别人的自尊心，不要过于挫伤别人，别人才可能接受你的幽默。例如一个人眼白较多，朋友戏称“白眼狼”，虽然是为了表达自己的“戏谑”，但在对方的感受中，这是一种“挖伤疤”的行为，自然不能欣赏你的幽默，还会因此而产生反感。

幽默也要适度，不但是冷热温度要适中，还要注意不要过多、过滥、不顾场合、不顾对象，过于没大没小，没有分寸。只有把握好尺度和温度，巧妙的风趣语言才称得上真正的幽默。

幽默，引发笑声的社交艺术

美国著名企业家史度菲曾说："世界上最美妙的声音就是笑声，它比任何音乐或娓娓悄语都美妙，谁能使他的朋友、同事、顾客、亲人发出笑声，那么，他就是在弹奏无与伦比的音乐。"活跃在社交各个场所，我们所需要做的就是不仅要自己快乐，同时还要把这份快乐传染给别人，这样我们才会拥有较好的人际关系。而幽默恰恰是让大家笑的元素，它可以为我们的社交增添光彩。假如我们平常的问候是一杯白开水，那带着幽默的问候就是一杯温暖的奶茶，令人眼前一亮，为我们的生活增添了许多光彩。

一位女士在饭店吃完饭后对经理说："对不起，钱夹放在家里了。"经理不慌不忙地说："那好吧！我相信你，为了使我记住此事，必须把你的名字写在门口的黑板上，同时记上你的欠款的数目。"那位女士对这样的做法表示不满，她说：

“那不是每个人都能看到我的名字了吗？”经理微笑着说：“不用担心，我们会用你的皮大衣把你的名字盖住的。”听到这样的话，那位想赖账的女士只好拿出钱来，付清了饭钱。

幽默可以令人发笑，在日常交际中，我们经常会笑，幽默就是一种逗我们快乐的方法。笑是人的一种本能，不过，人却不能每时每刻都在笑，当人们想笑的时候，需要在一定的条件下才会发生，而幽默就是“引发笑声的艺术”。当我们因幽默可以把快乐带给身边的人时，我们会更轻松地编织自己的人际网。

在一辆拥挤的公交车上，一位小伙子很客气地弯腰对身边的一位年轻时尚的女士说：“车厢里人真多，请允许我为您找扶手吊带吧！”那位女士冷冰冰地回答说：“不客气！我已经有扶手吊带了！”这时小伙子气喘吁吁地说：“那么，请您放开我的领带吧。”

另一边，一位瘦瘦的小伙子在车上被挤得很无奈，那些急着上班的人拼命地往沙丁鱼罐头一样的车厢里挤。而公交车却迟迟不发动，车里的人开始对车门口阻碍关车门的人有意见了，而车门口的人也说了他们自己的理由。眼看双方的话开始有火药味了，那位瘦瘦的小伙子再也忍不住了，大叫：“别挤啦，再挤我就成相片了！”听到这样一句话，大家都笑了，伴随着笑声，车里的人也消了气，车门口坚持要挤进来的人也下了车，打算等下一趟的公交车。

一两句诙谐的话，使得原本紧张的气氛变得和谐起来，这就是幽默的力量。如果你还在担心社交，担心自己不受大家的欢迎，那就不妨学会幽默一把。善于幽默，会令你成为快乐的天使，源源不断地将快乐传递给更多的人，从而使你的社交不再枯燥，不再烦闷，因为幽默为你的社交生活增添了彩虹般的绚丽色彩。

故弄玄虚的幽默技巧

我们都知道，在任何场合下，幽默都可以融洽彼此关系，活跃现场气氛，激发双方的沟通兴趣。幽默是一种美，更是一种机智。当然，幽默的方法很多，其中有一种可以让人一时摸不着头脑，那就是故弄虚玄。给对方设下一个圈套，让对方往里钻，上了你的当。这时你揭开了谜底，他恍然大悟，但是又被捉弄了，幽默效果随即就产生了。

李太太正在家看电视，一只皮球破窗而入，砸碎了李太太家厨房的玻璃。

不久，一个小男孩来揿门铃说："我爸爸一会儿就来给你装玻璃。"话音刚落，一个男子走上台阶，李太太把皮球还给了那个孩子，孩子抱着皮球带着一脸坏笑走了。那人把玻璃换好后，说："10块钱。""什么，你不是他的爸爸？"李太太问。"什么，你不是他的妈妈？"那人反问。两个大人竟然被一个小孩子耍弄了。

此处，我们当然不能认可孩子的做法，但是这个孩子却制造了一个滑稽可笑的闹剧，他先欺骗那位装玻璃的男子，说李太太是他的妈妈，又欺骗李太太说那位男子是他的爸爸，这样经过欺上瞒下，伪造身份，既拿走了球，又摆脱了自己的困境，还逃避了赔偿。

车尔尼雪夫斯基说过："幽默，对自己和其他人的嘲笑，一个人在幽默中允许自己打诨说笑。因为他认为自己是可笑的，也想描摹自己的可笑之处，他的戏谑大部分都是挖苦揶揄，因为他感到了侮辱；而挖苦，则是受侮辱者的戏谑，刻毒的戏谑。一个幽默家在机智、嘲笑、诙谐以及装疯卖傻中可以变得这样难以辨认，那些不理解幽默的人竟然把他当作一个丑角，或者是个有点神经错乱的人，人们对哈姆雷特就是这样想的。然而他的装疯卖傻，其实是智者、哲人对人类弱点与愚蠢的嘲弄，他的笑，是对自己以及对人们的同情的微笑。"

的确，和别人一同笑，能树立你自己的良好形象，而且设身处地为别人着想。然后，你就能适当表达自己的观点，并且获得成功。

故弄玄虚就是一种刻意设计的幽默的诡计，我们经常掉进一个陷阱。而这种制造幽默的方法也是有讲究的。这里的讲究在于：需要根据具体的语言环境和对方的特点来制定策略。这个策略表面看起来很隐蔽，不会有漏洞，否则别人不会入套。

当然，这种方法有点“损人利己”，因为毕竟把“祸水”引向了他人，自己却坐收渔翁之利。但这个幽默法从某种意义上说是一种化解攻势的方法，既摆脱了困境，又创造了幽默，幽默既然算是一种艺术，艺术的表现手法也应该是多种多样的。所以选择适合自己的，和自己的好朋友开个玩笑很惬意，对无故对自己有敌意、攻击自己的人捉弄一下不为过，有时很有些黑色幽默的意味。

第04章

幽默让你的说服变得简单轻松

俗话说：“要说服自己靠心态，要说服别人靠技巧。”生活中，总需要我们说服对方，如果运用幽默的技巧，或委婉含蓄，或一语双关，或利用谐音，不露痕迹地化解对方心中的顾虑，从而顺利地说服对方。

风趣说服是一种睿智

生活中，我们与人交谈，有时是抱有一定的目的的，其中多半是为了说服对方。如何说服对方？自然是运用语言的艺术，但有时候直截了当地阐明我们的思想与观点，并不能让对方接受，甚至还会引发矛盾，使双方陷入交流的尴尬境地。此时，我们不妨运用间接的、令人发笑的语言艺术——幽默。恰如其分的幽默，可以摆脱窘境，缓和紧张的说服气氛，让对方在笑声中接受我们的观点。同时，在说服中运用幽默，可以在突出思想性的前提下，用生动活泼的语言来表现你的睿智和风趣，增强说服的吸引力、感染力和有效性。

可见，采用幽默的方式比板起面孔教训他人的效果要好得多，幽默的方式往往能显示口才的魅力，使事情得到圆满的解决。

幽默的语言为人类增添无穷的希望和活力，能够把生活变得健康、活泼，使你的人生富有诗意。

可见，在别人犯了错误，你不得不要求对方改正时，千万不可直截了当地指出，而应该采用委婉的方式对对方进行暗示，让他明白自己的错处，并自觉地改正。这样，既可以使对方避免尴尬，也可以使你的建议能够更好地被人接受和执行。

另外，利用幽默的方式让对方接受我们的观点，还可以使用虚拟假设的方法，诱使对方进入自己的圈套，从而实现自己的目的，让自己如愿以偿。

以下，我们会看到美国谈判大师荷伯·科恩是如何运用这种方式，最后荣幸地住进了总统的房间。

总之，当我们说服别人答应自己的要求时，不妨先幽默一番，开一下玩笑，当对方为之一笑的时候，自然就会心悦诚服地接受你的观点，说服就会取得令自己满意的效果。

以柔克刚，容易打动人心

与人交流，不仅是一种思想感情、看法等的表达，更是一种信息的交换、思想的交流。很多人都会有这样的感觉：和有的人一起交谈，会觉得谈得很尽兴；而和有的人一起交谈，总感觉很别扭，不能畅所欲言。造成这种不同感觉的主要原因之一就是谈话气氛，它是谈话能否顺利展开的前提。同样，向他人劝言也需要营造良好的氛围，只有让他人感受到你的真诚，才会心悦诚服地接受你的意见。

作家威廉·戴维斯曾经说过：“我喜欢的幽默，是能使我发笑5秒钟而沉思10分钟的那一种。”确实，将严肃的事情用轻松的方式来表现的幽默，最能够达到劝导和说服别人的效果。强势的管理作风往往容易产生反效果，倒是用“以柔克刚”的方式，最容易打动人心。

因此，生活中，在劝说他人的时候，我们需要明白，严肃的事不妨用幽默方式表达，那么，对方更能感受到你的诚恳，当然，我们的语言除了要具备幽默因素外，还需要注意：

1. 不要把语言重点放在那些无用的事上

2. 说话要直截了当而且中肯

如果你想听者的注意力集中在你说的事情上，你在说话时，首先就必须达到一个最基本的要求：集中一点，不要分散火力。相信你肯定会击中靶心。

3. 不要夸口

言过其实、夸海口都容易为接下来受到听者的质疑和责难埋下伏笔，因此，在陈述时，你一定要多动脑筋，为自己留有余地。

4. 不可盛气凌人

即使你在你所陈述的方面是个专业人士，你也没必要觉得自己高人一等。

5. 要为对方提出最好的建议

如果你认为对方现在的做法不够完善，那么，在幽默地指出对方的不足时，你就需要为其指出一条更为明确的道路。

正话反说的幽默技巧

说出来的话，所表达的意思与字面完全相反，就叫正话反说。如字面上肯定，而意义上否定；或字面上否定，而意义上肯定。这也是产生幽默感的有效方法之一。使用这种方法能够在不直接指明对方错误的基础上，使他们自我反省并认识自己的错误。

正话反说的幽默技巧不只可以用到广告宣传中，在面对面的交流中，这种幽默技巧也有广泛的使用空间。

英国前首相丘吉尔为了参加演讲，超速开车，以致被一名年轻警员逮住了。“我是丘吉尔首相。”丘吉尔不慌不忙地说。“乱说，你一定是冒牌货！”警官这么一说之后，大英帝国的首相谢罪了。丘吉尔说：“你猜对了！我就是冒牌货！”

这么一来，警官面露微笑，放过了这位世界上著名的伟人。

丘吉尔在一本正经表明身份的时候，被警官怀疑。然后，他换了一种方式，正话反说，这样反而使警官摸不清虚实，让警官抱着一种“宁可信其有，不可信其无”的心态放过了他。

当我们需要表达内心的不满时，也可以使用正话反说的幽默技巧，让别人听起来顺耳一些。

这种正话反说的幽默技巧不仅被今人广泛使用，其实古人中的智慧者很久以前就已经成熟运用这技巧了。

善用小幽默，别总讲大道理

在和别人的交流之中，我们经常会遇到一些比较严肃的场合，交谈一些比较严肃的话题。在这种正式场合下，许多人的心都绷得紧紧的，用一本正经的方式来进行信息表达和交流。这样就会让谈话的过程中因为大量空洞枯燥的话题和词汇而使交际场合变得十分沉闷，也会给听者带来心烦意乱、昏昏欲睡的反应，最终导致交流的失败。那么，在这个时候，我们就可以尝试一下用幽默的方式来进行交谈让严肃的气氛变得活跃一些。这种方式能够将大道理寄于看似玩笑的幽默话语中，就能够让交谈的气氛变得生动活泼，也能够让别人在愉快的心态之下接受你所表达的观点和理念。

在文学作品中，我们比较喜欢讽刺小说、喜剧剧本和寓言故事这些题材，而对认识论、伦理学、美学这些东西感到厌倦，这是因为前者具有趣味性，能够在轻松的话语中给我们带来人生的思考，而后者则是充满了枯燥的长篇大论，读起来索然乏味，纵使里面蕴含着十分深刻的哲理，我们也不愿意过多地去接触。其实，人生又何尝不是如此呢？没有人愿意和一个枯燥呆板、满口仁义道德的人打交道，而愿意和那些谈吐幽默、富有情趣的人做朋友。因此，在日常生活中，我们要多一些小幽默，少一些大道理，只有这样，我们的人生才会丰富多彩，我们的朋友才会日渐多起来。

毛泽东注意语言的诙谐，更注意以大量文学手段为语言技巧，使文章深刻生动、出神入化，增强思想艺术感染力。毛泽东提出了“三个吸收”：第一，要向人民群众学习语言；第二，要从外国语言中吸收我们所需要的成分；第三，学习古代语言中有生命的东西。毛泽东始终注意以群众生活语言为基础，努力从上述三方面吸收语言营养，将“活人的唇舌”作为源泉。

在闽西，当有些人提出“红旗到底能够打多久”的疑问时，毛泽东不是去讲大道理，只是用了八个字“星星之火，可以燎原”来回答，形象、通俗而又富有哲理，消除了人们的悲观情绪。

延安时期，毛泽东常常到抗大去讲哲学，抗大的学员文化水平参差不齐，他就把枯燥的理论与实际结合起来，深入浅出，诙谐有趣，形象具体。在讲《矛盾论》时，为了说明“外因是变化的条件，内因是变化的根据”这个观点，他举了鸡蛋因得适当温度而变化为小鸡，而温度不能使石头变为小鸡的生动例子；在讲《实践论》时，他举了一个要知道梨子的滋味，就得变革梨子，亲口吃一吃的生动例子。毛泽东在举这些生动的例证时，听课的同志全都笑了。

井冈山斗争前期，许多同志不懂中国革命战争的特点，也不懂得什么叫游击战术，毛泽东扼要概括为“十六字诀”，又进一步解释道，打仗行军就是一门学问，打得赢就打，打不赢就跑，赚钱就来，蚀本不干。几句简短、通俗而又深刻的话语，就把游击战争的战略战术讲明白了。

一个人的幽默谈吐是和他的聪明才智联系在一起的，那些轻松的话语充分体现着一个人良好的文化素养、丰富的文学知识和娴熟的语言驾驭能力。而那些张口闭口人生观、价值观的人，看似懂得很多，而实际上很可能是一个胸无点墨的人。他们所说出来的话语，看似十分高深，而实际上却是既显得呆板枯燥，又显得毫无情趣，在人际交往的场合，这样的人往往最容易受到别人的忽视。

玛丽亚是一名大学教授，在她55岁那年，她决定离开那个她深爱的三尺讲台，结束教学生涯。

在玛丽亚讲完最后一堂课的时候，窗外有一只鸟不停地欢叫着。玛丽亚深情地打量着这只小鸟，过了很久才转过身来面向她的学生们说："亲爱的孩子们，从今天开始，我就不能陪伴大家了。因为我和春天有个约会，现在我要去赴约了。"她说完之后轻轻地向门口走去。这时候，礼堂里响起了学生们热烈的掌声，他们在向这位辛勤耕耘了几十年的园丁送行。

在人生的重要时刻，玛丽亚没有讲一句空洞的大道理，也没有用大量的篇幅去解释自己离开的理由，而是用十分富有诗意的幽默话语来和学生告别，从而让学生对她的选择给予支持和尊重。

古今中外的不少名人，往往都是著名的幽默大师。他们在任何场合都能够用幽默风趣的话来传递自己的意见，让别人在十分轻松的场合中对他们所说的每一句话心领神会。他们的幽默绝不是矫揉造作，而是一个人性情情趣和知识的自然流露。曾经有人说过，"我本无心讲笑话，但是笑话却经常不自觉地从我口中说出来"，这句话正好说明了这个道理。

风趣说理，对方更容易接受

在交际中，当我们需要劝诫他人的时候，通常会采取什么样的方法呢？苦口婆心，还是讲大道理？不管是前者还是后者，所带来的效果都是细微的、不显著的。假如我们希望自己所说的话能被别人听进去，而且达到劝诫的目的，那肯定需要运用幽默说理。因为在很多时候，我们所劝诫的对象有可能是我们的上司或长辈，如果说话太过直接，那就可能驳了对方的面子，而我们想要劝诫的愿望注定是落空的。因此，在这样的情况下，我们要善于把诙谐风趣的语言融入来，风趣说理，这样才容易被人接受。

纪晓岚是清代乾隆年间有名的大才子，无论是写作还是说话的功夫在朝廷之中都无人能及。

有一天，乾隆皇帝为了检验一下他说话的本领，就把他召进宫来，对他说："昨天晚上贵妃生了一个孩子，你吟一首诗吧。"纪晓岚张口吟道："君王昨夜降金龙。""金龙"两个字显然是在拍皇帝老儿的马屁，谁知乾隆皇帝并不买账，冷冷地说了一句："你错了，是个女孩！"才思敏捷的纪晓岚马上改口说道："化作嫦娥下九重。"一个"化"字，将"金龙"变成"嫦娥"，男变女的事转接得天衣无缝，可是乾隆仍然是不依不饶，说："生下来就死了！"这可是一个难题，不过并没有难倒才高八斗的纪晓岚，他顺口说道："料是人间养不住。"既表明了孩子的死，又显示了龙种和凡人的区别。

乾隆皇帝接着说："已经把她扔到金水河里了。"话刚说完，纪晓岚就吟道："翻身跃入水晶宫。"这句话再次把龙种升华。乾隆皇帝听了，不禁抚掌大笑，夸奖纪晓岚的聪明伶俐。

无论是成语见风使舵还是察言观色，都是在告诫我们说话的时候要多动脑，不能墨守成规和只认死理。如果不懂得变通，难免会在生活中处处碰壁。只有随机应变和机灵通达是我们取得人缘和成功的法宝。灵活的说话手段，多变的语言艺术，对一个人的事业发展有着十分重要的作用。尤其是向上级劝诫的时候，我们更需要小心谨慎，以幽默应对，即便是说出了自己内心的话，那也能以笑说服对方。

黄熙成为新科状元之后，有幸陪同乾隆皇帝来到苏州园林之一的狮子林游园。乾隆皇帝看到迷人的建筑风景，兴致勃勃，叫人拿过纸笔，乘着游兴写下了"真有趣"三个大字，之后让手下人拿去装裱，准备把这几个字作为园林的匾额。

黄熙觉得这样的题字太俗气，根本无法拿得出手。便想劝皇帝改一下，但是又怕自负刻薄的乾隆爷龙颜大怒，不仅不听劝，说不定连自己头上吃饭的家伙也保不住。只好暗自咽了口吐沫，准备等待时机再向皇帝进言。乾隆皇帝兴致勃勃，游兴不减，看样子是不会因为一点小事就生气的，黄熙心下有了底，便跪向前来对乾隆皇帝说："适才圣上题的字苍劲浑厚，意蕴高古，让学生十分佩服，恳请圣上将'有'字赐予学生，让学生可以每日观摩临习。"

乾隆一听便明白了，心里想："这个家伙明明是在告诉我这三个字用得不好，但又怕伤了我的面子，即用这种方法来提意见，也算得上是费尽一番苦心了。"于是，就赞许地点了点头，顺水推舟一番，对身边的太监说："就将'有'字剪下来给他吧！"

从此之后，苍劲有力的御笔题名"真趣"二字就挂在狮子林的大门口，后世的游客来到这里，都从心里赞叹乾隆皇帝的书法和文思。

在古代，向皇帝提出建议和意见是每一个大臣的责任。但是，有些人在进谏的时候显得太过僵硬，认为向皇帝提意见就要和皇帝较真，非得要让皇帝在龙颜大怒之后再转怒为喜去接受他的意见。因此，很多人在向皇帝提出意见的时候，总喜欢唱反调，不懂得幽默说理，最终不仅没有让皇帝接受他的意见，还让自己的脑袋搬了家。黄熙是很聪明的，他不像别人那样去"批龙鳞"，而是用一个比较幽默的方式委婉地向皇帝提出了意见，不仅让乾隆愉快地接受了他的建议，也保住了自己的脑袋，真不愧是说话的高手。

运用比喻暗示法，点醒对方

培根说：“善谈者必善幽默。”幽默的特征和妙处在于，通过自觉运用影射、讽喻、双关、对比、夸张等多种修辞手法，以表面的滑稽形式的逗笑，来含蓄地揭示生活中的乖讹和违情背理之处。幽默的谈吐是一个人的思想、学识、智慧和灵感在语言运用中的结晶，是一瞬间闪现的光彩夺目的火花。现实生活中，我们在说服他人的时候，总会因为各种原因，使得我们不便直接表明观点，这时如果运用比喻，把“词锋”隐遁或把“棱角”磨圆一些，使语意软化，含蓄地表达自己的见解，来烘托本来要直说的意思，既可以化解彼此的尴尬，又便于听者接受，运用得当，不乏幽默诙谐。

运用比喻法暗示对方，就是以生动的比喻为据，用形象的喻体所包含的浅显之理，来寄寓一个鲜明深刻的题旨，从而巧妙地达到令对方信服的谈辩目的。

在语言表达中，多用比喻的表达方式，往往更令人明白易懂，同时也为沟通和说服工作增色不少。

现实生活中，我们对他人进行说服与沟通，如果也多用贴切的比喻来说明问题，矛盾不就迎刃而解了吗？

同样，很多时候，我们若想说服那些不怀好意者，也大可引经据典，从而以眼还眼、以牙还牙。

有时候，出于某种需要，利用事物之间所具有的某些相似的属性，让过对方原来的话题不予直接的反驳，而转移到实质相同但形式相异的另一话题上去。乍看去是“另起炉灶”，实则包含着一个暗示对方原来论点虚假和错误的结论，让人们从这一影射中自己去品味、体察其中隐含的耐人寻味的意旨。

在暗示对方的过程中，巧妙地运用比喻的手法，利用事物之间的相似性、相关性和相对性，借实比虚，借浅比深，借比求同，借比显异，让人们在事物的相互比照中更具体、更深刻、更全面地悟出事物的性质和道理来。

喻证法又分明喻证法、借喻证法、博喻证法、引喻证法四种：

第一，明喻证法，这是相对于修辞中明喻的手法而言的，也就是说，在说话时，可以同时摆出借用的喻体事物和与之相似的本体事物，然后显示出两个事物间的相似性。

第二，借喻证法，这就是在言谈中运用借喻的手法，即在言谈中不提本体事物，而只言所借的喻体事物，让听者自己感悟本体和喻体之间的相似性、联系等。

第三，博喻证法，即在言谈中使用三个或者三个以上的比喻，从而从不同角度、层次或者阶段去表明事物间的性质、道理、联系等。

第四，引喻证法，即引用寓言、典故、神话传说等证明所喻本体事物的道理。

运用这一手法时，应注意三个问题：

其一是比喻者与被比喻者要类相异、理相同。只有类相异，才能做比喻；只有理相同，才能由此及彼做推理。

其二是比喻要贴切，即喻体与本体在比喻点上要有内在的性质联系，存在共同的道理。反之，若两者毫无共同之处，却去牵强附会，只能让人啼笑皆非而不屑一驳。

其三是喻证法虽然形象生动、浅显通俗，但由于喻体、本体毕竟是两类不同的事物，具有不同的本质属性，因此，它推出的结论带有一定程度的或然性。

第05章

幽默让你的批评耐听而不逆耳

批评的话也可以说得很动听，幽默让批评耐听而不逆耳。哪怕只有三言两语，却轻松诙谐，深寓哲理而启迪人的心智，让被批评者醒悟。生活中，善用幽默风趣的话表达批评的含义，往往会胜过其他的言语。

幽默式批评，实现完美沟通

大部分的人，是不会轻易去批评别人的，而几乎所有的人更不喜欢被别人批评。但是“人无完人”，在交际中我们不可避免地会发现别人的缺点，如不及时指出，有可能导致犯更大的错误，会使我们因没有及时指出别人的缺点而内疚。这时，我们就得拿起批评的武器。但是在批评中，人们普遍反感的是板着面孔的训斥，为了达到完美的沟通，在批评中就不能少了幽默的力量。

但是，如果在批评中“幽默”过分，又可能让对方会错意，或使对方无法知道事情的严重性，从而达不到警醒对方的目的。

领导要深谙幽默的批评话术

作为一个领导、一个上级，批评下属的时候要讲究方法，这样才能避免招来下属的敌意。不过，要想把批评下属的话说得恰到好处也需要一些技巧。幽默是人际关系的润滑剂，可以促进人际关系的和谐，如果把这种幽默技巧用在批评犯了错误的下属身上，也能收到良好的效果。

有一位督导对手下的职员说：“我需要这份进展报告的5份复印本，马上就要！”

这位职员按下复印机的按钮，立时，25份复印本就复印了出来。

督导笑着对职员说：“小姐，我不知道是复印机不听指令，还是你没听清楚！我只要5份复印本。”

职员也笑着说：“对不起，督导先生，我想是复印机的耳朵出了毛病不听话，看起来真该好好修理修理它了。”督导以幽默的语言对职员的错误提出了批评，职员也以幽默的语言接受了批评，并表示了改正的决心。

古人云：“人非圣贤，孰能无过？”如果下属在工作中犯了错误，上级领导不给予适当的批评，只会令下属在错误的道路上越走越远。可见，批评在工作中是非常必要的。但是，如果领导的批评言辞不当，不注意批评的技巧和方法，往往会导致一些意想不到的事情发生。因此，要想得到良好的批评效果，又不至于招来下属的敌意，就需要掌握一些诸如幽默批评的批评技巧和方法。

风趣批评，更发人深省

幽默式的批评就是在批评的过程中，善于使用一些富有哲理的故事，或者是双关语，或者是形象的比喻等。这样幽默的批评方式，可以很好地缓解被批评者的紧张情绪，也可以使双方之间处于一种愉快的氛围，启发被批评者思考，从而增进相互间情感上的交流，不但能够达到教育对方的目的，还可以营造出轻松的气氛，使对方更容易接受。

汉武帝是一个有着雄才大略的皇帝，在文治武功方面取得了很大的成就。但美中不足的是，他十分怕死，热衷于长生不老之类的学说，对相术之类的东西更是深信不疑。朝中的大臣十分反对他的做法，但又慑于他的权势而不敢言。

有一次，在朝会上，汉武帝对众大臣说："相书上说，人中如果长到1寸的话，就能活到100岁，我觉得这个说法很有道理。"群臣沉默不语，东方朔却不由得笑了起来。汉武帝认为他是在嘲讽，顿时龙颜大怒，问道："东方朔，你是在嘲笑朕吗？难道朕说得不对？"

东方朔连忙从群臣之中走出来，跪在地上，对汉武帝说："启奏陛下，微臣并不敢嘲笑您，只不过是笑彭祖脸长罢了。"

汉武帝不明白怎么回事，就问道："这与彭祖有什么关系？"

东方朔回答说："彭祖是上古时期最长寿的人，活到了880岁，按相书上所说，那么他至少要有8寸长的人中，这岂不是说他的脸至少要长1丈吗？微臣想到长寿之人竟是这般模样，就忍不住笑了起来。"

汉武帝听罢，默然不语，从此之后再也不提相术之类的事了。

批评上司，作为下属敢吗？然而，东方朔就敢于做这样的事情。在大臣们看来十分头痛的问题，东方朔用一句话就解决了，充分证明了这位略显滑稽的大才子是一个不折不扣的口才专家。一句话击中要害，让汉武帝不再痴迷于相术，这种说话的方式比煞费口舌、苦口婆心地劝说要强百倍。

作为领导者，假如你在批评别人时是板着面孔训斥一通，严肃得看不见一丝笑容，那最终只会让彼此之间的矛盾激化，这就会出现貌似平静实隐波澜的僵局，不仅批评的效果并不好，同时也会让对方背上思想包袱，心理负担更严重。批评，并不是一定要把这个人训斥一顿，我们所需要达到的目的是希望他能够从中受到启发。而对批评而言，有时幽默的作用更加显著，在我们生活中经常会出现这样的场景：当我们咬紧牙关、心急如焚地硬是去拧着瓶盖儿，却怎么也拧不开，但是，假如我们心平气和，只是轻轻一拨，那瓶盖儿就神奇地打开了，其实，幽默的力量也是这样的。

美国哲学家帕克说："幽默的目的是审美的沉思。"换句话说，幽默是以表面上的滑稽和形式上的玩笑，起到了实质上的庄重和内容上的严肃效果，而这正是批评所需要达到的效果。幽默的批评，可以说是智慧的结晶，启迪的艺术，更是热情的开导，因为幽默批评是以“爱”为感情前提的。

语言暗示，巧妙提出意见

沟通是一种复杂的心理交往，而每个人的微妙心理、自尊心往往在里面起重要的控制作用，稍微触及它，就有可能产生不愉快。所以，对一些只可意会不可言传、可能引起对方不快的事情，如提出对方的不足之处，这时候千万别直言相告，只能通过语言暗示来达到目的。在说话时，我们需要真诚，但却不一定要真实，如对方是一个长相欠佳的人，你一见面就说：“你长得真难看！”相信对方在自尊心受伤的同时也会恶语相向，和谐的人际关系也随之消失。基于每个人的微妙心理和自尊心，所以，我们在说话时应尽量利用语言来传达心理暗示，巧妙提出意见，不伤和气地令对方意识到自己的不足之处。

在苏联访问的美国前总统尼克松将去苏联其他城市访问。苏共总书记勃列日涅夫到莫斯科机场送行。正在这时，飞机出现故障，一个引擎怎么也发动不起来，机场地勤人员马上进行紧急检修，尼克松一行只得推迟登机。勃列日涅夫远远看着，眉头越皱越紧。为了掩饰自己的窘境，他故作轻松地说："总统先生，真对不起，耽误了你的时间！"一面说着，一面指着飞机场上忙碌的人群问："你看，我应该怎样处分他们？""不，"尼克松说，"应该提升！要不是他们在起飞前发现故障，飞机一旦升空，那该多么可怕啊！"

尼克松话语里暗含讽刺、挖苦、指责，但这些却是以异常夸张的话语表达出来的，而勃列日涅夫听了只能苦笑，什么也说不出来。虽然尼克松表达了自己的"厌恶之情"，但却没有说什么难听的话，若直接回击反而显得自己"神经过敏"。

有时候，面对他人的错误，我们也最好以双关影射之言来暗示他人，迫使对方意识到自己的错误。例如，顾客发现汤里有一只苍蝇，巧妙暗示老板："对不起，请您告诉我，我该怎样对这只苍蝇的侵权行为进行起诉呢？"

出奇制胜，化腐朽为神奇

当他人犯了错误时，我们有必要对其进行批评指正。批评的方式是多样的，但最好是运用教育机智，采用幽默式批评。因为幽默的批评常常能使人在笑的同时，深思其内在的含义，领悟其中的道理。但幽默也需要创意。缺少新意的幽默，就如同陈词滥调，不可能长久引起人们的兴趣。由于幽默的这个特性，它就格外地需要喜欢幽默的人多发掘自己的创造力，标新立异、出奇制胜。反弹琵琶，正是一种创新的批评方法，它不仅能在平凡中发现不平凡，有时甚至能化腐朽为神奇。

如果你想用你的“嘴”说动别人的“腿”，用好批评的方式，也能起到极佳的效果。当面指责他人，只会造成对方的敌意，而通过反弹琵琶的方式、巧妙地暗示对方注意自己的错误，则会受到爱戴和喜欢。这就是最高明的批评之道。

那么，具体来说，我们该如何在批评之中运用反弹琵琶的方法呢？

1. 反向立意

生活中，一贯的思维导致人们看待事物，只看到事物的一面，并认为自己看到了全部，而很明显，任何事物，总是具有两面性的。因此，当他们将事物的另一面揭开后，就会与我们事先看到的一面形成反差，从而造成幽默。

因此，反向立意，就是从人们惯常使用的思维的另一面出发，见人之所未见，发人之所未发，从而形成一种强烈的新奇感，引起人们的兴趣，产生幽默的效果。

2. 反话正说

反话正说，也就是明褒实贬，表面肯定，实质否定。

在日常生活中，我们常会听到或见到一些反语。人们常根据那些社会上的古怪现象，进行一番整理、罗列，然后任加评点，嬉笑怒骂，皆成幽默。

的确，人的行为一经发生，都希望得到肯定的反应，即便出现某种错误行为，也希望得到人们的理解与同情。从心理学的角度上讲，每个人都不愿意挨批评。了解这种心理特征，我们批评他人的时候，不妨变换一种口吻，以褒代贬，反话正说，通过表面上的肯定达到实质上的否定，既增强了语言的幽默感，又易于为人所接受，能收到一般训斥、责骂难以比拟的效果。

3. 正话反说

说反话就是用反语揭示他人的意图，表面上好像是反对自己，其实是反对他人的内涵。实际上，反语是反性的偷换概念，也就是偷换概念的过渡或铺垫。其合理性就是利用自然语言中自身包含的歧义，使它过渡为合理。

总之，批评他人的时候，即使庄重严肃的话题也并不一概排除诙谐幽默的多种语言表达方式。相反，运用巧妙，有时还会收到庄重直言未能实现的效果。

将错就错，让对方意识到错误

林肯说：“人人都喜欢受人称赞”，“人类本质中最殷切的需求是渴望被肯定”。人类与生俱来就有一种正常的心理防卫机制。现实生活中，如果我们自身是被批评的对象，当自己受到批评的第一刻，往往也会有这样的第一反应：“我真的错了吗？”紧接着，我们在内心深处就会开始找理由为自己辩解。即使批评者苦口婆心地劝说，我们也不可能听进去，而如果我们自己领悟到错误，那么，我们接受错误所花的时间与精力将会相对减少很多。从这里，我们得出一个启示，批评他人，哪怕是正确的批评，也一定要考虑对方的心理，要善于应用对方接受的方式来表达。而在运用幽默法批评他人时，选择将错就错、让对方领悟错误的方法，无疑是一种效率极高的批评方式。

可见，在批评他人的时候，顺势而为，就会产生一种加速度的作用力，相反，产生的往往是阻力。就像是一个正在上坡的人，如果给他喊加油，就相当于向上拉一把，可以让他更容易地越过陡坡。相反，如果是讥讽和打击，则往往让他泄气，出溜到坡底。

如果你是一个深谙批评艺术的领导者，就要努力去满足下属的这种心理需求。那么，具体来说，我们该如何利用幽默法让对方认识到自己的错误呢?

1. 先肯定和表扬

既然批评的副作用如此之大，而表扬的效果又如此之好，是不是就不需要批评，只用表扬就可以了呢？答案是否定的。凡事都要讲究辩证法。日常生活中，面对他人的缺点、失误，我们不妨先采取正面鼓励、肯定和表扬的方式，这样，会把对方的错误意识上升到最高点，在后面的批评指正工作中，对方的领悟也就越深。

2. 矛盾法得出正确结论

这种方法能制造幽默，因为它常常把人置于几种不同的环境中，突显出人类的弱点，令我们惊讶、羞惭、深思，让我们觉得有趣、可笑、意味深长。

总之，批评他人时，我们的目的不在于批评，而在于指正，将错就错制造幽默更发人深省。

第06章

幽默让反击变得简单隐蔽

生活中与人相处，总会遇到形形色色的人，其中不乏有一些人带着恶意的冷嘲热讽，这时候若是针锋相对的反击，必然会造成尴尬的局面。不妨选择完美的反击——幽默式反击。因为幽默，让反击变得简单隐蔽。

幽默可以弱化锋芒的力量

咄咄逼人地攻击别人，怒发冲冠地辱骂别人，都是幽默的大忌。一旦这样做了，幽默就会离我们远去。

幽默是制造笑声的，有幽默出现，就会有笑声出现。当然，幽默绝不排斥批评与揭露，幽默的与人为善原则恰恰就体现在批评和揭露之中。只不过幽默的批评与揭露是含蓄的，带着更多的情趣在内，因此它与直截了当的批评和一针见血的揭露是有相当明显的区别的。

幽默是化解攻击的“乾坤大挪移”，它钝化了攻击的锋芒，营造了和谐的气氛，缓和了紧张的关系，给自己的人际交往带来了莫大的好处。幽默是需要有高度的涵养、博大的胸襟和机敏的思维的。只有这样，才能把剑拔弩张的气氛消于无形，转化成幽默的笑声。

1. 把直接的冒犯改为间接

对对方有了不满，就不管三七二十一地说出来，痛快是痛快了，但却很可能伤害了对方的自尊，使对方不能接受，严重的还会造成对方和自己的对立。

丈夫：“你整天喋喋不休，好像世界上的事没有你不知道的。”

妻子：“真的吗？”

丈夫：“是的，只有一件事你自己不知道，而我恰恰知道。”

妻子：“什么事？”

丈夫：“你对自己一无所知。”

可想而知，妻子听了这番话心里该是多么的愤怒和伤心，也许夫妻之间就会因此爆发一场“大战”。

本意是要批评和揭露，却故意绕个弯，迂回地说出来，间接地表达自己的意思，是欲擒故纵的幽默策略在可能造成对抗的严峻形势面前的机智表现。我们只有学会这种策略，才能更有效地控制各种局面，使生活始终向着快乐的方向发展。

2. 夸张到荒诞的程度

化解攻击的另一种有效办法是夸张，不管对方的言行有多么荒谬，也用不着针锋相对地和他争辩，只要把他的言行进行无限度的夸张，使其中的荒谬色彩更加浓厚，连他也无法争辩，他就会认识到自己的错误，而对抗的局面也不会出现。

在生活中我们所面对的矛盾都不是你死我活的，完全没有必要采取“以牙还牙，以血还血”的极端方式。使用转移攻击的方式来削弱针锋相对的愤怒，使幽默的情趣扩散开来，那么一切的不愉快都会烟消云散，高质量的生活就会时刻拥抱着我们。

3. 答非所问，向另一个方向引申

有时候，答非所问的方法能有效地改变当时的气氛，使人际关系得以和谐。

转移攻击的锋芒，是我们在面临对抗的严峻处境时所进行的最佳选择。这样一来，幽默的情趣出现了，欢乐的气氛就又来到了我们身边。

机智幽默，沉稳应对

人生在世并非所有的事都称心如意，也并非所有的人都对自己友好和善。我们生活的世界异彩纷呈，这就造就人的多种多样，性格各异。在为人处世过程中，不免碰到一些刁钻古怪之人，他们会在一些正式或非正式的场合对你进行有意刁难。此时机智幽默、沉稳应对便是挫败对方的关键所在。

1. 活用幽默的技巧

幽默可以使剑拔弩张的局面得到缓解。

一个英国电视台记者采访梁晓声，说："没有文化大革命，可能也不会产生你们这一代青年作家，那么文化大革命在你看来究竟是好还是坏？"

此问之刁，分明是诓人上当。梁晓声灵机一动，立即发问：“没有第二次世界大战，就没有以反映第二次世界大战而著名的作家，那么你认为第二次世界大战是好还是坏？”他巧妙的回答把球又踢给了对方。英国记者一怔，无言以对。梁晓声以其人之道，还治其人之身，转败为胜。

“以眼还眼，以牙还牙”，用对手的办法制服对手。这种谋略的运用和取胜，往往会使对手无话可说，有苦难言，并使自己迅速由被动转为主动，取得斗争的胜利。

2. 话锋犀利，毫不示弱

（1）巧妙地回击别人的嘲笑。

当乔卡诺来到众议院时，他不过是一个刚刚进入的新议员，当他首次发表演说时，演说受到了众人的讥讽，但他巧妙地回击了别人的讥讽。当时的情况是：在他发言的时候，有议员嘲笑他：“这位来自伊利诺伊州的先生，他的口袋里必定装满了燕麦。”这句话顿时引起了人们的哄堂大笑。但是乔卡诺却毫不示弱地说：“不但我的口袋里装着燕麦，就连我的头发里也还带着种子呢！”就因为这一句话锋犀利的话，乔卡诺从此踏上了显赫的政途。

（2）妙喻反击。

萧伯纳常在他写的戏中揭露资本家的丑恶面目。一次，有个资本家企图在大庭广众之下羞辱萧伯纳一番，他挥着手大声地说：“人们说，伟大的戏剧家都是白痴。”萧伯纳笑了笑，随即回敬道：“先生，我看你就是最伟大的戏剧家！”资本家十分尴尬，没想到萧伯纳会这样回敬他。

（3）把自己的弱点转化成优点。

1984年，里根在竞选总统时与对手蒙代尔进行电视辩论。在论辩中，蒙代尔针对里根的年龄大发动攻击，指出高龄不适合担任总统。对此，里根说道：“蒙代尔说我年龄过大，但我不会把对手的年轻、不成熟这类问题在竞选中加以利用。”里根这种机敏的语言引得听众发笑，在笑声中，选民接纳了里根。

总之，生活中，当对方蓄意刁难，说出令人难堪窘迫的话时，最好的对策是沉稳冷静，充分调动幽默的智慧，进行反击和转化，以使对方作茧自缚，使自己摆脱被动。

以其观点巧妙反驳对方

有时候，虽然我们在交流之前做好了一切准备工作，可还是免不了出现各种各样的问题。如果你提前没有预想这些出现的问题及对策，就会使自己陷入尴尬的局面，使你在交流中进退两难，也会严重影响你的说话效果。总的来说，在沟通过程中出现的问题无外乎两种情况，一是来自对方的故意刁难，二是由于自身的失误。而这两种情况就有可能出现各种各样的问题，如果在你毫无准备的情况下是相当棘手的。假如我们真的在实际沟通中遇到这样的问题，那要善于“以子之矛，攻子之盾”。

后发制人，诙谐隐蔽式反击

在生活中，我们有时候会受到别人冷嘲热讽的言语攻击，如果我们也以同样的方式回击对方就可能会使矛盾激化，从而让事情一发不可收拾。如果我们在受到别人的言语攻击时，使用幽默来进行十分巧妙地应对和隐蔽地反击，就能收到很好的效果。当然，这并不是一件容易的事情，在接过对方攻击性的话语后，先来个故弄玄虚，然后话锋突然一转，回击对方，这样的幽默由于突然的回转就带上戏剧色彩。

隐蔽反击的要点一是要隐蔽，二是要对等。隐蔽是说反击不能太直接和裸露。对等就是说如果对方的攻击是侮辱性的，则还击也是侮辱性的，只不过要注意以幽默的方式表达出来；如果对方的攻击是调笑性的，那么还击的语言就要是带有调笑性的幽默。

而有些时候，别人的攻击是刻意而为的恶意攻击，在这种情况下，如果再不以牙还牙，以眼还眼，就会丧失人格。一般说来这时的攻击是应该锋芒毕露了，但是如果你认真思考过，你就会发现我们最终所追求的并不是攻击的锋芒，而是攻击的力度。用幽默的方式做隐蔽的回击，隐藏了锋芒，增加了力度，从而使回击的现场效果得到淋漓尽致的发挥。

诗人拜伦在泰晤士河岸散步时，看到一个落水的富翁被一个穷人冒着生命危险救上岸，然而吝啬的富翁只给了这个穷人一个便士作为酬谢。

聚集在岸边围观的人非常气愤，叫嚷着要把这个忘恩负义的家伙抛到河里去。这时，拜伦阻止他们说："把他放了吧，他值几个钱他自己清楚。"

在隐蔽反击时，要善于抓住对方的一句话、一个比喻、一个结论，然后把它倒过来去针对对方，把他本不想说的荒谬的话、不愿接受的结论用演绎的逻辑硬塞给他，叫他推辞不得，叫苦不迭，无可奈何。

以谬制谬，让对方哑口无言

“以谬制谬”，也就是面对对方的谬论，我们有时可以用确凿的事实、严密的论据去反驳，但以谬制谬的方法却并不是这样，而是用跟对方同样荒谬的言语进行反击，这同样也能达到制服对方的目的。用简单的话来说，也就是当对方说出错误的言论时，不要去纠正他，而是顺着对方的错误言论，推出错误的结果。一旦结果呈现在对方面前时，对方的错误言论也就不攻自破了。这样方法的巧妙之处在于，相当于是对方主动开口承认自己的言语是错误的，对论敌来说，无疑是自己打自己的耳光。当然，正因为如此巧妙，这种方式通常会在辩论中发挥出强有力的作用，让对方没有办法还击，只能哑口无言地呆愣在那里。

我们在使用“以谬制谬”这个论辩方式时，应需要注意哪些问题呢？以谬制谬的方式只针对对方的言论是谬的，假如你明明知道对方的言论是正确的，还使用这个方法，那无疑就是给自己难堪，因为你所推理出来的结论会证明你的言论是错误的。

即便发现对方的言论是极其荒谬的，也不需要说破，而是先假设对方观点是合理的，然后将对方貌似合理的论点加以引申，推出一个明显错误的谬论。以其人之道还治其人之身，有力驳倒对方的观点，这样的反击才是大快人心的。

攻其不备，出其不意

《孙子·计篇》："攻其不备，出其不意。"意思是趁对方没有意料到就采取行动，也就是出乎于别人的意料。在实际沟通中，我们也可以利用这一招计谋，以出乎于对方意料的言语制服对方。"出其不意"也就是不按照正常的逻辑出牌，有可能是借题发挥，有可能是顺势引导，从而说出一些在对方预想之外的言辞，令对方无法招架，这样所产生的效果是顺利地摆脱了对方的言语限制。通常在言语交流中，如果按照正常的逻辑思维，当自己论述了一个观点，我们可以预想对方有可能会出现什么样的言辞。而出其不意完全跳出了这个圈子，那些话语完全是对方所想不到的，也因为如此，正好打他个措手不及，最终我们将成功地占据上风。

有位演讲家在演讲结束时，台下有一名学生突然连珠炮似的向他发问。

学生："先生，您今天是第一次演讲失败吗？"

演讲家："那当然是第一次啦。噢，你们当学生的怎么总爱问这个问题？"

学生："演讲时，您觉得什么样的字音最容易说错？"

演讲家："错。"

学生："您演讲开始时，从来不说的是什么？"

演讲家："结尾。"

回答了学生的问题后，演讲家也来个出其不意的反击。

演讲家："我方才讲的冷缩热胀的道理你懂了吗？"

学生："懂了，先生。冬天白天短——冷缩；夏天白天长——热胀。"

这时，台下出现了哄堂大笑，这位发问的学生才知道说错和失败的是自己，不禁羞红了脸。

有时面对对方攻击性的语言，你可以顺势引导，先回答对方的提问，然后进行反击，出其不意地打消对方的气焰。在案例中，演讲家面对学生的发难并没有生气，而是思路清晰地回答了他的恶意提问。但是当他回答完了，他也来个出其不意的反击，使学生意识到说错和失败的原来是自己。

在实际沟通中，当我们受到对方的攻击时，可以不直接从正面答辩，而是通过借助对方提供的话题进行还击，出其不意，从而改变问答的局势。这种方式最重要的在于"借"，能否借对方的话题为己所用，当然，这也取决于我们的辩论经验和思辨能力。

在交流中一旦发现对方岔开话题，不需要打断，应让他继续说下去。如果对方是一时不小心而为之，那估计对方说不了多久，就会自己发觉而显露窘态；如果对方是想到了另外一件事，那他一旦察觉会回到原来的话题之上；如果对方是有意岔开话题，可能会继续这个话题说下去。

观察对方是出于哪种情况，如果是前两种情况，那你应适时顺应对方，让对方将话题越扯越远，给对方出其不意地一击；如果是后者，那则需要及时地返回原来的话题，出其不意地反驳其有意岔开话题的居心。

第07章

幽默让你在社交场上不再尴尬

生活中难免会遇到一些不愉快的事情，人与人的交往也会存在许多矛盾和尴尬，如果彼此争执显然没办法改善人际关系，这时幽默往往会起到良好的效果，让你在社交场上不再尴尬。风趣的语言，可以让紧张和僵持的气氛变得轻松，化解那些偏见和原本不应该存在的对立和分歧。

巧装糊涂，适时化解难堪

莎士比亚在其著作《第十二夜》中，让主人公薇奥拉说出了这样一句话："因为他很聪明，才能装出糊涂人来。彻底成为糊涂人，要有足够的智慧。"

智慧有时就隐藏在假装糊涂的幽默中。在一些特殊的场合，我们常常会碰到一些意想不到的事情，处理不好着实使人尴尬万分。遇到这类情况时，想要化解难堪，不妨假装糊涂，幽默应变。

幽默感的缺乏很多时候是因为我们已经习惯于直截了当地就事论事，而实际上，如果在出现问题的时候直接向他人道歉或对他人进行反驳，只会使自己更加难堪，适当地装装糊涂，幽默一下，反而能够巧妙地解决问题。假装糊涂的妙处就在于对真、假、虚、实的灵活运用，有时候尽管自己很清醒，还是装作糊涂来迷惑对方，就能巧妙试探出对方的真正意图。

你不妨在适当的时候给你的朋友来点糊涂的幽默，你朋友脸红，你可以建议他少吃点苹果；你朋友脸黑，你就建议他少吃点窝头。你越是把不可能的事情凑到一块，就越能显出你的"痴呆"、你的可笑、你的幽默和你的智慧。

幽默能让你轻松摆脱尴尬局面

在社交场合，由于自己的不慎，有时会让自己处于比较难堪的境地；或者我们遇到了缺乏教养、不怀好意、对我们有敌意的人，致使我们陷入比较难堪的困境。在这种情况下，如果我们抽身而退，固然可以逃离困境，但当了逃兵，总是不光彩的，也会给自己日后的社会交往带来消极的影响。

号称“无冕之王”的记者是非常擅长给名人制造麻烦的，有许多名人都曾面对过记者的刁钻提问，常有无法下台的烦恼。如果应对不慎，就会使自己的形象大受影响，这是显而易见的，但那些充满智慧和才学的名人却八仙过海，各显神通，给我们留下了不少风趣的故事和许多启示。

俗话说：“要在游泳中学会游泳。”我们也只有在社交中才能学会社交，在幽默中才能学会幽默。

大胆地去实践吧，不经过实践的检验，我们就无法把自己的幽默运用得更纯熟，就无法通过社交为自己拓宽生活的道路。

随机应变，化解窘境

在日常交际中，我们常常会遭遇一些出乎意料的事情，或是自己说错了话，或是交流的对方反应没有我们想象中那么好，或者是交际的环境是我们所没能想到的复杂，等等。总而言之，许多突然发生的窘境是我们措手不及的，稍有不慎就会让我们狼狈不堪。这个时候，我们就需要运用灵巧的思维，以幽默来摆脱窘境。幽默的一句话，就可以令我们轻松脱离窘迫的处境，对我们当事人而言，那是极为幸运的。

有一个人在市场里买了6只来自异国的麻雀，打算进献给本国的国王。不过，按照这个国家的习俗，他们所认为的吉祥数字是“7”，假如只是把这6只麻雀献给国王，这个人担心国王会生气，于是，这个人打算买1只普通的麻雀混在这6只麻雀里，凑足7只献给国王。

等到他把这7只麻雀献给国王的时候，国王十分高兴。不过，当他认真地查看这7只麻雀的时候，却忽然发现其中有1只是本国的普通麻雀，这不是鱼目混珠吗？国王很生气，说道：“这是怎么回事？是不是你故意把这只麻雀混进里面来欺瞒我的，你以为我分不清楚吗？”那个人吓了一跳，不过，聪明机智的他马上解释说：“陛下的眼睛果然厉害，但是陛下您不知道，这只麻雀是其他6只麻雀的随行翻译啊！”国王一听，尽管觉得这个人说的话十分荒谬，但见他说的还蛮讨人喜欢，还是把奖品给了他。

在一些我们所不能掌控的情境之中，如面对上司的时候，因为上司的心思是难以琢磨的，稍有不慎就会因一句话得罪上司，到时候自己的职位和薪金将处于不保的地位。而且，在这样的情境之中，那些随意的玩笑话要比随机应变的能力给人带来更多的精神乐趣。随意的玩笑类幽默可以用作调节气氛，但当我们面对具体环境的时候，那就需要发挥灵巧的思维了，以随机应变的能力去化解窘境。

有一天，德国诗人歌德在公园散步，在一条只能通过一个人的小路上，歌德遇到了一个曾对他的作品提出过十分尖锐批评的评论家。这位评论家对歌德高声说道："我是从来不给傻子让路的！"听到这样一句话，任何人都要生气的，但歌德却急中生智，微笑着说："而我则恰恰相反，先生！"说完，满面笑容地让在一旁。

在日常交际中，当我们遭遇别人恶意攻击的时候，需要灵巧变换思维，善于用幽默去应对，这样既达到了回应对方攻击的目的，同时也有效地维护了自己的风度。假如当我们遭遇别人恶意攻击的时候，也进行无礼的回应，那只会让自己损失风度，同时也达到别人攻击我们所想要达到的目的。

幽默本身就是跟智力有关系的，一个大脑反应速度较慢的人是无法幽默的，同时他可能也需要花长一点的时间去理解别人的幽默。相反，一个思维敏捷、头脑反应快的人是善于运用幽默的，他不仅仅能将自己的风趣发挥得淋漓尽致，同时还可以很好地理解别人的幽默，自然，他在人际关系中更容易赢得成功。

善辩者多富于幽默

幽默辩解是一种机智的说话艺术，它往往以诘难、质疑、反驳的方式，揭示对方的矛盾，立足自己的论断。并且能在一定的情况下摆脱自身所陷入的窘境。

1. 嘲笑自己的缺点

一个人如果有了缺点或缺陷，这本不是件好事。但如果能够勇于自我暴露问题，揭露自己的缺点，明示自己的缺陷，便能显示一个人的坦诚和责任感，往往被人视为可靠和勇敢的人，也会使自己显得豁达和自信，从而淡化缺点或缺陷。

自嘲诡辩术，是利用人们的上述心理因素，当自己陷入窘境时，自我超脱，采取自嘲自讽、自贬自抑的方法，嘲笑自己的缺点，嘲弄自己的缺陷，贬低自己的优点，以此作为摆脱窘境的良方。

2. 用幽默的方法排解失意

其实，无论是谁，在前进的道路上总会碰到这样那样的困难和障碍，或是工作上的失意，或是家庭的困难，或是心理的不适，等等。只要你面对挫折，用幽默的方法排解失意，你就能激励自己战胜困难，增加勇气和信心。

3. 将错就错，灵活发挥

一次智力竞赛抢答，主持人问：“三纲五常的‘三纲’，指的是什么？”一名女学生抢答道：“臣为君纲，子为父纲，妻为夫纲。”

她的回答，正好把三者的关系颠倒了，引起哄堂大笑。女学生灵机一动，立即补充道：“笑什么？我说的是新‘三纲’。”

主持人疑惑地问道：“怎样解释？”

女学生不慌不忙地说：“现在，我国人民当家做主，是主人。而领导者，不管官有多大，都是人民公仆，岂不是臣为君纲吗？当前，国家实行计划生育，一对夫妻只生一个孩子，这孩子成了父母的小皇帝，岂不是子为父纲吗？许多家庭中，妻子的权力远远超过丈夫，‘妻管严’‘模范丈夫’到处流行，岂不是妻为夫纲吗？”

好一个新“三纲”！话音未落，同学们都为这名女学生随机应变的能力而鼓掌喝彩。

在日常言谈中，有时难免说错了话。上述这名女学生在抢答时，把“三纲”三个句子的主次关系弄颠倒了。但她思维敏捷，灵机一动，干脆将错就错，根据新的历史时期人们社会关系的变化，临时对“三纲”做了一个全新的却又符合逻辑的解释。这充分显示了这名女学生机敏的论辩口才。

4. 偷换概念巧解嘲

总之，幽默辩解是智慧的碰撞、话语的较量，高明的善辩者必须具有多方面的素养，掌握多种有效的方法技巧，只有这样，才能辩无不胜。

常用的幽默解脱法

人都有可能无意中陷入到某种尴尬情境的角色之中，此时，有的人由于不懂幽默之妙，缺少幽默感，而在不利的境遇中常常陷入精神的被动，不能以轻松的心情来自由变换视角，所以在被动的窘态中难以解脱；而有的人由于机智幽默，故而往往能于窘态之中巧妙地为自己解脱。下面便是鲜明的事例。

（1）灵活补救。

（2）将错就错。

作为一名相声演员，要表现出幽默来，不但需要说话技巧，而且需要机智。

著名相声演员马季，有一次到湖北省黄石市演出。在他表演之前，有一位演员错把“黄石市”说成“黄石县”，引起了观众的哄笑。在笑声中，马季登台演出。他张口就说：“今天，我们有幸来到黄石省演出……”这话把哄笑中的观众弄糊涂了。

正当大家窃窃私语时，马季解释道："方才，我们的一位演员把黄石市说成县，降了一级。我在这里当然要说成省，给提上一级。这样一降一提，哈！就扯平了！"几句话引得全场哄堂大笑，马季机智巧妙地圆了场，使演出得以顺利进行。

（3）假装糊涂。

（4）知错不改。

（5）及时道歉。

幽默能使激化的矛盾缓和，从而避免出现使双方难堪的场面。

（6）顺水推舟。

幽默犹如迷离难测的精灵，它唱出的歌声沁人心脾，趣味留香。它能转平淡为有趣，化窘境为轻松。

幽默中"化干戈为玉帛"

现实生活中，当别人对你冷嘲热讽，让你难堪或困惑时，你会以牙还牙、横眉冷对吗？这固然是一种解决问题的方法，但人人都爱面子。顾其颜面，不管怎样，以柔克刚，从容应对，化解这场战争才是上上之策。可以说，幽默才是化解冲突最好的良药。当你和他人意见不一致时，切记不要脸红脖子粗地对其进行反驳，大部分人都吃软不吃硬，用甜美笑容和温和语气表示愿意妥协时，对方往往会先软化，甚至可能妥协得比你更彻底。无谓的争吵和辩解有时候不能奏效，以软制硬，却能在幽默中“化干戈为玉帛”。

在现实生活中，如果你也遇到这种场合，对方火气十足，趾高气扬，甚至无缘无故拿你撒气，那么，你不妨和案例中的刘某一样，凡事退一步，保持谦让，温和态度，柔言细语地开个玩笑，结果冲突会烟消云散，换来双方灿烂的微笑。

当然，要做到通过幽默话术以柔克刚，还需要你做到以下几点。

1. 彬彬有礼

可能对方言语很无理，甚至有明显的攻击意味，但无论遇到何种情况，你都要控制自己的情绪，不要激动，千万不可感情用事或者与对方争吵起来。只有这样，才能表现自己的涵养与气度；只有这样，才能想出行之有效的对策。如果一下子变脸作色，就会显得自己太鲁莽，不但于事无补，反而使对方为自己的杰作沾沾自喜、春风得意。

2. 不动声色

对无理的行为进行语言反击，是正义的语言与无理的语言对抗，有时只有顺其意思，才能反其语言。这样使无理的人最终玩火自焚，搬起石头砸了自己的脚，从而摆脱困境。

总之，遇上有人无理取闹，有意刁难时，你不必过分激动，也不必过于愤怒，静下心来，以礼貌的态度对待，并做出理智的判断、理性的分析，最后以幽默的方式、委婉的谈吐回击，这样你就能以要言不烦的方式化险为夷，战胜对手。

第08章

幽默让朋友愿意与你密切交往

生活中，找到志同道合的朋友并不太容易，幽默往往让一个人迸发出迷人的个人魅力。即便是陌生人相见，幽默一点，气氛会变得活跃，交流也会更流畅。

幽默让你更受欢迎

在交际场合，我们最终的目的是让陌生人成为朋友，所追求的是一团和气，而不是争执、冲突。谁的朋友比较多，谁就是最大的赢家，因为朋友就是人脉。俗话说："在家靠父母，出门靠朋友。"假如在交际场合中我们可以多交一些朋友，经常与朋友谈心、聊天，这样就会慢慢地拓展我们的交际圈子，我们所了解的信息也越来越多，而且，在与朋友相处的过程中，我们可以以他人之长补己之短。若是遇到了什么难过的事情或重大的困难，身边的朋友也可以为我们出出主意。伤心难过的事情，可以找朋友倾诉倾诉；开心幸福的事情，可以跟朋友分享。虽然这是众所周知的道理，却有不少人道出"交友难"的苦恼，似乎自己并不差，但好像就是得不到别人的认可，这该怎么办呢？其实，交友难，难就难在交友的方法上，而幽默就是一种很有效的方法。即便是陌生的朋友见面了，假如能幽默一点，那气氛也将变得十分活跃，双方之间的交流会变得更加顺畅，同时还为日后更和谐融洽的人际关系奠定了坚实的基础。

法国作家小仲马有个朋友的剧本上演了，朋友邀请小仲马一起去观看。在演出现场，小仲马坐在最前面，总是回头数："一个，两个，三个……"

看到小仲马如此的行为，朋友感到很不解，问道："你在干什么？"小仲马却幽默地说："我在替你数打瞌睡的人。"

后来，小仲马的《茶花女》公演了，他便邀请朋友一起来看自己剧本的演出。这次，那个朋友也回过头来数打瞌睡的人，好不容易找到一个，说道："今晚也有人打瞌睡呀！"没想到，小仲马看了看打瞌睡的人，说："你不认识这个人吗？他是上一次看你的戏睡着的，至今还没醒呢！"

在这个故事中，小仲马与朋友之间的幽默是建立在真诚的基础之上的，在他们的对话过程中，摒弃了虚假的寒暄，如此更能增进朋友之间的友谊。在生活中，我们都知道交朋友要以诚为本，以诚相待，互相关心，互相尊重，互相理解，这样朋友才会越来越多。我们要以幽默的方式表达自己开阔的胸怀、乐观的心态以及温馨的关怀，这样才会得到友谊。关心别人，才会得到别人的关心；尊重别人，才会得到别人的尊重；帮助别人，才会得到别人的帮助；理解别人，才会得到别人的理解。

有一位身材矮小的男老师走上讲台的时候，台下的学生有的面带讽刺，有的则交头接耳暗中取笑。这位老师扫视了一下全班学生，然后无不幽默地说："上帝对我说，当今人们没有计划，在身高上盲目发展，这将有严重后果。我警告无效，你先去人间做个示范吧。"听到老师这样的话，全班学生哄堂大笑，然后变得非常安静。显而易见，他们都对老师的幽默敬佩不已，而忘记了他身材上的缺陷。

当我们变得幽默，我们的朋友就会越来越多，陌生人会成为新朋友，更多的新朋友会逐渐成为老朋友。面对这些新老朋友，彼此之间是没有交流障碍的，我们可以以幽默的谈吐说天说地，过去有趣的事情、未来美好的愿望、工作中的成绩、家里的烦恼都可以跟朋友一起分享，同时，在这个过程中，我们还可以收获更多的友谊。

幽默者是传递快乐的天使

谈吐幽默的人，有着睿智的大脑，说出来的话让人感到轻松亲切，能够发出真诚的笑声，从而能够在彼此的欢乐声中很容易地去接受他所要表达的思想。因此，我们可以说，幽默的人更容易被人亲近。幽默风趣的话语重点不是形式，而是用生动活泼的话来来进行表达和交流，能够让人在轻松的环境之中去倾听和接受。即使是分歧比较大的问题也能够因为幽默语言的存在而让压力减少一些，人们能够在欢笑之中努力地寻找出共同点。

有一次，90多岁的民谣学家钟敬文和朋友们一起参加一个宴会。酒菜上来之后，他站起来："你们吃吧，我是个无'齿'之徒，对付不了这些东西。"大家听后，都发出了善意的笑声，随后也就少了一些拘谨，多了一些随意。过了一会儿，老先生特地要了一份汤面，他自我解嘲地说："我是欺软怕硬，你们千万别学我啊！"老先生说这句话既对自己"搞特殊"做了一个比较好的解释，同时又避免了给别人带来的不便，摆脱了窘迫尴尬的局面，从而让整个宴会充满了和谐的气氛。

或许，在宴会中，许多人对这样一位年事已高的老人多少有一点敬畏，少了一份亲近。而老人如此幽默的表达，自然会令自己变得和蔼可亲起来，甚至成为一个风趣的老头，一时之间，大家的心理距离也拉近了。

在生活中，我们都愿意和谈吐幽默的人打交道。因为幽默的人有一种很自然的亲切感，他们的语言能够给我们带来欢乐和美的享受。一个具有幽默感的人，也是一个有风度、有素养、有魅力的人。谈吐幽默的人在交际圈中会产生磁场的作用，对别人有着很强的吸引力。要想在别人的心中留下深刻的印象，仅仅依靠学识和修养是不够的，幽默风趣也是必不可缺的重要的组成部分。一句幽默的话能够迅速消除人与人之间的陌生感，可以很快地在对方的心中留下好印象。

学会替人解围，赢得对方的信任

在生活中，有时候，身边的朋友或同事会陷入某种尴尬中，这时，我们就需要运用幽默的语言来为他人解围了。很多时候，面对一些不友好的语言或尴尬的场面，我们不需要硬对硬，而是要换个角度看问题，用幽默的语言来应对，这样就能够帮助他人摆脱尴尬情境，使整个气氛变得轻松愉快。

在日常生活中，幽默是化解尴尬的良方，幽默的语言往往能够令人化怨为喜，开怀大笑，从而达到为他人解围的目的。当然，幽默的语言并不是油滑、浅薄的耍嘴皮子，而是一种智慧，它在传达信息的同时，还可以随机应变，往往能够帮助他人在瞬息之间摆脱窘境。或许，我们身边的人不善于言辞，常常令自己陷入了难堪的境地，这时，身为朋友的我们就要发挥幽默的天赋了，说上几句妙语，就能够令难堪的人缓过神来，摆脱尴尬的境地，所谓“帮人即是帮己”，我们若是仗义帮他人解围，定能够赢得他们更多的信任。

理发店里来了一个学徒，3个月后，他开始正式上岗了。他给第一位顾客理完发，顾客照照镜子说：“头发留得太长。”学徒有些不好意思，头很低，一言不发。站在旁边的同事小王笑着解释说：“头发长使您显得含蓄，这叫藏而不露，很符合您的身份。”顾客听了，高兴而去。

学徒给第二位顾客理完发，顾客照照镜子说：“头发留得太短。”学徒脸红了，没想到顾客还是不满意。这时，同事小王笑着解释：“头发短使您显得精神、朴实、厚道，让人感到亲切。”顾客听了，欣喜而去。

学徒给第三位顾客理完发，顾客边交钱边嘟囔：“剪个头花这么长的时间。”学徒紧张得手足无措，同事小王马上解释道：“为‘首脑’多花点时间很有必要，您没听说‘进门苍头秀士，出门白面书生’？”顾客听了，大笑而去。

学徒给第四位顾客理完发，顾客边付款边埋怨：“用的时间太短了，20分钟就完事了。”学徒心中慌张，不知所措。同事小王马上笑着抢答：“如今，时间就是金钱，‘顶上功夫’速战速决，为您赢得了时间，您何乐而不为？”顾客听了，欢笑告辞。

在这个故事中的小王，真是能说会道，机智灵活，每次都能用幽默的语言为同事解围，巧妙地打圆场。而且，每次幽默的解释都使那个学徒摆脱了尴尬，同时，也让顾客转怨为喜，高兴而去。以幽默的方式帮助他人解围，需要我们从善意的角度出发，以幽默的话语去缓和紧张气氛、调节彼此之间的人际关系。这对于我们增进与他人之间的关系也有着积极的意义。

朋友相处要多一些幽默

林语堂先生说：“幽默是一种人生的态度。”幽默的语言能使紧张的气氛顿时显得轻松活跃，能让对方感到善意，这样表达出的观点更容易被对方所接受。在日常生活中，幽默的语言风格无处不在，它成为了人际交往的调节剂。其实，幽默是无处不在的，不仅是同事之间，家人之间，有时候我们也会把幽默运用到朋友之间，因为每个人都希望朋友之间的相处也是愉快的，而幽默恰恰有这样的特性。幽默本身就具有一种特性，一种令人愉悦的特性；幽默感更是一种能力，它能有效地影响他人心理，增进我们与他人之间的关系。所以，我们应该为自己的语言风格增添“幽默”这一元素，达到增进友谊的目的。

张大千是我国当代著名的画家，他的讲话风格非常的诙谐幽默。

有一次，他和几个朋友在一块饮酒聊天，席间有几个人在谈论胡子的问题，口气中带着讥讽和嘲弄。在座的人，只有张大千有着又密又长的胡子，因此，他听了就十分不舒服。不过张大千的脸上并没有表现出丝毫的气愤之色，而是默默地听着。等别人讲完了，他就清了清嗓子，讲了一个和胡子有关的笑话：

三国时期，关羽的儿子关兴和张飞的儿子张苞随刘备率师讨伐吴国。关兴和张苞二人为父报仇心切，都争着做先锋，这让刘备感到十分为难。最后只好说：“你们两个的武艺是不差上下的，那么就比一比各自的父亲生前的功绩吧，谁父亲的功劳最大就让谁当先锋。”张苞一听，不假思索地张口说道：“我父亲当年三战吕布，喝断坝桥，吓退曹军，夜战马超，鞭打督邮，义释严颜，为蜀汉江山立下了汗马功劳。”

轮到关兴说了，但是他天生就笨嘴拙舌，加上心情紧张，半天才说了一句："我父五绺长髯……"接着就没下文了。这时候，关羽显圣，立在云端上，正好听见了儿子的这一段话，顿时气得暴跳如雷，大声地骂道："你这个不孝之子，老子生前诛颜良、杀文丑，过五关斩六将的事你不说，却偏偏在老子的胡子上做文章！"

张大千的故事还没讲完，在座的所有人都已经捧腹大笑，接下来再也不好意思把胡子当成嘲笑对象了。

张大千面对朋友的捉弄和嘲笑，不愠不火，用一个幽默的笑话对他们进行了反驳和规劝，起到了良好的效果，一方面表达了自己的意见，同时还很好地维护了朋友的面子。如果在当时，他勃然作色，讲一些"自由平等、尊严神圣不可侵犯"之类的大道理，那种欢快的场面也会变得十分紧张和尴尬。

幽默使人际交往更轻松

人们参与社交生活，总是有各种各样的目的，要达到这些目的，就必须让社交生活在和谐、轻松的氛围中进行，此时，幽默的作用就毋庸置疑地体现出来了。社交生活中，一个说话幽默、风趣的人，常常受到人们的欢迎。这也是那些相声演员、喜剧明星之所以能够大行其道的原因。因此，我们可以说，幽默是社交中的强心剂。

幽默是一种高级的智力活动，能够化解对方的怒火，减轻对方的怒气。所以，在语言使用过程中，善用幽默能够有助于达到我们的目的。

事实上，社交中，幽默除了能帮助我们达到目的外，它的作用还体现在调剂沟通氛围，化解沟通中的障碍，并让沟通气氛更热烈。

具体来说，幽默可以起到以下效果。

1. 缓解紧张情绪

适当的幽默，可以缓解对方紧张的情绪，消除对方疑虑，使交往更加畅通无阻。

第一次世界大战时，一个美国青年应征入伍。临行前，他忧心忡忡地去拜访一位智者，向他道出了对自身安危的忧虑。

智者捋着胡须，笑眯眯地说："孩子，当兵有两种可能，一种是留在后方，一种是送到前方。如果留在后方，那你担心什么呢？就算送到前方，也有两种可能，一种是受伤，一种是安然无恙。如果安然无恙，你又害怕什么呢？如果你不幸受伤了，那也有两种可能，一种是受了轻伤，一种是重伤。如果受了轻伤，你当然也不必担心。就算受了重伤，也有两种可能，一种是能治好，另一种是治不好。如果能治好，你还担心什么？就算治不好，也有两种可能，一种是死不了，另一种是死了。死不了当然也不用担心了，至于死了嘛，也好，因为既然已经死了，那还担心什么呢？”

听了智者的话，青年果然不担心了，雄赳赳地去了战场。

智者的话，细细品味，其中却充满了黑色幽默，大敌当前，这种给年轻人的安慰，还是颇能有效地缓解其紧张心理的。

幽默所带来的笑可以缓解人们的情绪，表现出人们身处困境却又不悲叹的乐观精神。

2. 化解困境

幽默是一种人生智慧，它能让你和他人零距离地心灵接触，它温和而不软弱，含蓄而不张扬，机智而不圆滑，它是“天真”与“理性”的巧妙结合，让你化解困境，在社交中轻松自如地面对一切。

3. 扭转尴尬，赢得掌声

社交中，情形千变万化，谁也不能准确预料接下来会发生什么，有时候突如其来的不快可能让人措手不及，让原本轻松祥和的气氛变得十分尴尬，这时，借助幽默可扭转乾坤，将那些下不来台的人，拯救出浑然无措的境地。

4.委婉地达到目的

用幽默来传达信息，有利于暗示对方，从而委婉达到社交的目的。用这种方法，可以更不着痕迹地表达你的观点，同时让自己和对方都可进可退，处于比较灵活的地位，不会太难堪。

第09章

幽默让你的职场工作高效愉悦

生活需要幽默，社交需要幽默，职场也需要幽默。当今时代在进步发展的同时，随之而来的是更多的竞争和压力。尤其是在枯燥的职场工作中，我们更要善用幽默来排解困惑，缓解压力，用幽默来释放自己。

工作压力需要幽默缓解

在当今竞争异常激烈的社会，工作压力已经成为上班族的主要压力，如果能处理好这方面的压力，那么压力有可能转化为动力，但如果处理不好，就会使人心烦意乱，失去工作积极性，压力就会成为阻力。为了提高工作效率，使自己工作轻松一些，可以采取自我调节的方法来缓解一下工作压力。

幽默作为自我调节方法中重要的一种，能帮助我们消除因工作而带来的紧张，驱逐挫折感，并解决人际关系中的一些尴尬问题。

小丽是一家大公司的总经理助理。她得应付访客、电话、同事和老板。空闲的时候，还必须打字。有时，某些自以为是的人来电话，还会给她出难题。小丽在繁杂的工作中需要拥有幽默，并运用它。

有人在电话中说："我要和你的老板说话。"

"我可以告诉他是谁来的电话吗？"小丽问。

"快给我接你的老板，"来电话的人坚持道，"我现在马上要和他说话。"

“很抱歉，”小丽委婉地说，“他花钱雇我来接电话，似乎很傻。因为10个电话中有9个是找他的。”

来电话的那个人笑了，然后把他的名字和电话号码告诉了她。

小丽巧用幽默，恰当地帮自己缓解了工作中可能出现的矛盾，同时也减轻了自己的工作压力。幽默可以在帮助人们缓解工作压力上起到一定的作用，但是幽默不是万能的，造成工作压力的原因也是多种多样的。因此，在缓解工作压力时，除了运用幽默技巧外，还要注意运用其他一些科学、正确的减压方式。专家建议，经常加班的人应保证充足的睡眠，注意饮食规律，在进行体育锻炼时尽量选择一些强度小同时又愉悦身心的活动，如散步、跳舞等，从而达到平衡心态的效果。

风趣言语让老板保持好心情

老板与员工的关系，首先是一种领导与被领导的关系，但是除此之外，双方还应该建立一种平等、和谐、友爱合作的关系。作为一个员工，在恰当的时间、场合，和老板开一个富有幽默情趣的玩笑，在搞好同老板的关系方面，可以收到非常好的效果。

不过，俗话说：伴君如伴虎。在个人关系上还需要主动与老板保持合适的距离，距离太远了不好，距离太近了也不好。

其实，让老板笑口常开不仅仅是找到工作之后的事情，在找工作的过程中，求职者就可以运用幽默的力量逗老板笑口常开。

找到一份称心如意的工作，是求职者最大的心愿，但求职不易，有时我们在苛刻挑剔的老板面前一筹莫展。这时，何不借助幽默的魅力让面试你的老板笑一笑，这对你面试取得成功必然会有帮助。

一个人找工作，他来到麦当劳。老板问他会做什么，他说：“我什么都不会，不过我会唱歌。”

老板让他唱一首试试，于是他就开始唱了：“更多选择更多欢笑就在麦当劳！”

老板一听就乐了，接着问了他一些对麦当劳有什么了解之类的问题。最后，他被顺利录用了。

上面的例子中，求职者在面试中借助了幽默的力量，他首先就以唱歌的方式说出了麦当劳的广告语，表明自己对麦当劳是很关注的，也有一定的了解。他在博得老板一笑的同时，也获得了老板的好感。

工作太累的时候，难免会偷懒，这时候如果被老板看见了，你该怎么办呢?

有一个建筑工人在工地里搬运东西，每次只搬一点。工头不得不开口说话。

工头以严厉的口吻对他说：“你是在做什么？你看看别人搬那样重的东西！”

“嗯哼，”工人说，“如果他们要懒到不像我搬这么多回，我也拿他们没办法。”

工头被他逗笑了。

工人以幽默的口气为自己的偷懒行为辩解，工头即使会批评他，也会比较随和，责罚也会比较轻。

让你的老板笑口常开，你的工作就能进行得更加顺利。

幽默让同事关系更和谐

在工作中，幽默的谈吐总是能给同事的闲聊锦上添花，让大家的交流变得其乐融融，自然而然，那些富于幽默的人也就得到了同事的喜欢。或许，大多数人习惯性将同事介于朋友之外，似乎觉得与同事没什么共同话题，更有的人觉得同事之间的关系因为总是伴随着利益关系而变得十分微妙。当然，我们不能完全把同事当朋友，但也不至于造成与同事之间的对话是“今天天气怎么样”这样的场景。毕竟，同事一场，那就是朝夕相处的工作伙伴，对方的情绪、心情都将影响彼此合作的工作，因此，我们有必要让同事保持愉悦的心情。在工作中，我们不要太拘谨，假如总是这样，那我们的工作就显得更枯燥了，生活也会很乏味，与同事在一起的时候，不妨添加一些幽默元素，增添一些闲聊的乐趣，这样我们的日常工作也会变得多姿多彩起来。

同事老王很喜欢抽烟，不过他为人十分吝啬，不喜欢分烟给其他的同事，别的同事每天都在办公室发烟，他却是偷偷抽自己的。有一天，有一位同事在办公室发烟，老王像平时一样伸出两根手指，可是那位同事却从他身边绕了过去。老王尴尬之余，赶紧替自己解围：“我，我二号出差。”

同事之间，难免也会遇到难堪的场景，假如我们处处计较，不懂得化解彼此之间的尴尬，那就有可能影响到同事之间和谐的关系。一旦同事之间有了矛盾，彼此怀着情绪做事情，那定会给工作带来一定的影响，到时候受批评的也是大家。因此，一旦与其他同事之间出现尴尬的场景，我们就要善于用幽默去处理，化解紧张气氛，与同事建立友好和谐的关系。

最近几天连续下了5天的雨，公司几个同事在一起闲聊天气。

一位说道：“最近怎么一直下雨呢？”一位老实的同事规规矩矩地回答说：“是啊，都5天了，这样下去什么时候才结束啊？”这时一位喜欢加班的同事说：“龙王爷竟然连日加班，看来是想多捞点奖金了。”一位喜欢关注市政的同事接着说：“玉帝也太不称职了，天堂的房管所坏了，都不派神仙去修，总是漏水。”这时，一位喜欢文学的同事接着说：“嘘，你们小声点，别打扰了玉皇大帝读长篇悲剧。”

像案例中一样，同事之间的闲聊中加上一点幽默色彩，不仅让几句简单的谈话显得更加生动，而且让参与的人在幽默风趣的气氛中放松了心情。假如几个同事刚刚完成了一件工作，疲惫不堪，这样闲聊几句，嬉笑之余也会减轻身体和心理的疲惫，接下来，他们就会有更多的精力去应对下面的工作了。

有时候，同事之间的幽默只是为了开心，当发现身边的同事有什么搞笑的事情，急中生智，几句诙谐的话语脱口而出，惹得其他的同事哈哈大笑，这就是幽默所带来的功效。办公室是一个压抑的环境，堆积如山的文件，规矩的白衬衫，这些都让我们憋闷，假如能给这样沉闷的空气吹来一丝凉风，那该是多惬意的事情啊。而幽默恰恰有这样的作用，当我们在忙碌的工作之后，幽默地闲谈几句，那就有效地达到了目的。

麦克在会计部门任职员，有一次发薪水的时候，他竟然收到了一个空的薪水袋。不过，他并没有气得暴跳如雷，也没有破口大骂，只是以轻松愉快的口吻去问发薪水部门的同事："怎么回事？难道说我的薪水扣除，竟然达到了一整个月的薪水吗？"同事笑了，当然，麦克得到了补发的薪水。

在案例中，麦克以一种宽容的态度对待同事偶尔犯的错误，并用自己的幽默与同事分享了自己轻松的心情，自然是受欢迎的。在职场中，同事之间因为各种原因产生矛盾是比较正常的，不过，产生了矛盾并不要紧，关键在于产生矛盾之后要尽快以轻松幽默的方式将这些矛盾化解掉，否则，一些小小的冲突也会成为我们的职场大患。在化解矛盾的时候，假如我们以幽默调节，事情就很有可能得到解决，假如我们需要改善同事对自己的态度，那也可以利用幽默的语言来表达自己的观点。

玩转幽默，让工作变得轻松简单

在日常工作中，幽默的人最受欢迎，被认为是最有魅力的人。可以说，幽默是一种生活智慧，幽默是一种人生艺术，幽默是人生的一种境界和心态。在实际工作中，我们常常因为压力而把脸绷紧，脸色严肃，甚至连笑容都很少看到。不过，这样的状态真的对工作本身有帮助吗？大量事实表明，一个懂得幽默的人，他平时的心情往往要比那些板着脸的人轻松得多，因为幽默带来的欢乐可以把那些不顺心的事情都冲淡了。因为幽默可以让他经常保持愉悦轻松的心情，自然，在他看来工作压力自然就会小很多。

公司里来了一批80后的见习员工，这些初涉职场的人，真是初生牛犊不怕虎，好像什么都懂，什么话都敢说，什么玩笑都敢开，给原本死气沉沉的办公室带来了许多生气。经常是一番哄笑之后，大家就以更饱满的热情投入到工作中去了。

这段时间正好是央视《百家讲坛》开讲苏轼，两个同事正在聊，其中一个80后小何插话了：“苏轼，我知道，他又叫苏东坡。”一旁的小顾来劲了，他冲着小何讥笑着说：“又来了，你肚子里的东西倒蛮多嘛，那我考考你，‘三苏’是说的哪三个人？”这时只听小何马上脱口而出：“爸爸叫苏联，儿子叫苏东坡，女儿叫苏格兰。”几位同事面面相觑，不等他们缓过神来，只听小顾笑骂道：“低能啊，苏家都跑到英国去了。”小何不甘示弱：“你这也不知道啊，苏格兰就是大名鼎鼎的苏小妹。”同事们再也忍不住了，哄堂大笑，尤其是看到小何一本正经的模样，真不敢相信他开玩笑竟然开到这样的份上。

在忙碌的工作中，人们的身心是疲惫的，可能他们吃饭时都在想如何拉拢客户。对于大多数上班族而言，很少会有时间让自己身心轻松一下，假如可以与同事用幽默调侃一下，让欢笑驱散身心的劳累，放松一下内心世界，那就会感到幽默可以让我们原本繁复的工作变得简单。所以，幽默不仅仅可以让我们成为一个受欢迎的人，让别人乐意与自己接触，愿意与我们共事，而且它可以更好地促进我们工作，而这是采用别的方法所不能达到的效果，也是成本最低的方法。

早上，老周在看报纸，不一会儿，他放下手中的报纸，发起议论来：“总是说交通紧张，为什么不修几条运河，一条从四川到新疆，一条从云南通往江南……”坐在旁边的同事回答说：“老周，听了您的高见，使我们更加具体、更加深刻地理解了一个成语。”

老周不解："什么成语？"同事回答说："信口开河。"坐在旁边看文件的科长听完之后愣了一下，随即带头哈哈大笑起来。顿时，整个办公室洋溢着愉悦的气氛。

事实证明，积极的幽默可以使我们的工作环境变得轻松愉快。试想，我们在办公室的时间往往长达8个小时，而且人生的黄金时段基本都是在工作中度过的，假如每天都是板着脸孔，郁郁寡欢，那工作还有什么乐趣呢？在工作中一旦失去了愉悦的心情，那工作效率又怎么会提高呢？在日常工作中，我们所要求的不仅仅是完成工作任务，还需要较高的工作效率。我们以什么样的态度去面对工作很重要，处于职场，我们要善于玩转幽默，以诙谐的语言将快乐带给每一位同事，让繁重的工作变得简单而轻松。

有一天，一位中国雇员被美国老板叫进了办公室，不过，这位雇员在拿取文件的时候，不小心把美国老板的可乐打翻在办公室的地毯上。中国雇员心想，老板肯定会十分生气，因为美国人最讨厌蟑螂进入办公室了，现在因为可乐，蟑螂肯定会大规模地进来。

于是，中国雇员手忙脚乱地赶紧收拾，没想到美国老板却微笑着说："你不用担心蟑螂会进来，绝对不会发生这种事情，因为现在是在中国，中国的蟑螂比较爱吃中餐，对于可乐可能没那么大兴趣。”说完之后，两个人都大笑了起来。

在工作中，偶尔开个玩笑，幽默几句，甚至是互相调侃几句，不仅不会影响工作，还会给人们带来笑声，而且也不会给工作带来什么影响。因为工作中的人都不愿意一整天都在沉闷的气氛中度过，偶尔幽默一下反而可以释放压力。幽默的人心情总是愉快的，他的工作效率总是比别人高，因为幽默让他卸下了包袱，轻松前进，自然他的工作压力就会小很多。

克制自己，委婉表达不同观点

在工作中，同事之间容易发生争执，有时不欢而散甚至使双方结下芥蒂。发生冲突或争吵之后，无论怎样妥善地处理，总会在心理上、感情上蒙上一层阴影，为日后的相处带来障碍，最好的办法还是尽量避免它。你可以委婉表达对同事的意见，运用幽默的方式避免与同事“交火”。

如果你面对的是一位不合作的同事，首先要冷静，不要让自己也成为一个不能合作的人。宽容忍让可能会令你一时觉得委屈，但这不仅表现你的修养，也能使对方在你的冷静态度下平静下来。心胸开阔是非常重要的。任何人都会出现失误和过错，对别人无意间造成的过错应充分谅解，不必计较无关大局的小事情。

同事之间有了不同的看法，最好以商量的口气提出自己的意见和建议，语言得体是十分重要的。应该尽量避免用“你从来也不怎么样……”“你总是弄不好……”“你根本不懂”这类绝对否定别人的措辞。而对同事的错误采用幽默的方式来指出，不但具有幽默的意境，而且会在和谐气氛中收到事半功倍之效。

幽默的语言能使同事在笑声中思考，而嘲笑却使人感到含有恶意，这是很伤人的。真诚、坦白地说明自己的想法和要求，让同事觉得你是希望得到合作而不是在挑他的毛病。同时，要学会聆听，耐心、留神听同事的意见，从中发现合理的部分并及时给予肯定或表示相同意见。这不仅能使同事愿意和你接触，也给自己带来思考的机会。如果双方个人修养、思想水平及文化修养都比较高的话，做到这些并非难事。

如果领导者与下属建立一种互相信任、互相尊重的伙伴关系，双方产生矛盾的机会就比较小，即使产生矛盾也比较容易解决。这样，作为一个领导者，你会发现很多事即使不亲力亲为，也能做好工作，因为你不是一个人在作战，所以你不会很辛苦。

领导者要平等地对待下属，克服因权力、地位的不同造成的偏见，对下属关心、爱护、和蔼，与下属打成一片，缩短与下属心理和情感上的距离，这样可以产生更强的亲和力，更容易获得下属的尊敬与认同。

运用幽默，让销售更轻松

心理学家认为：幽默是一种最富感染力、最具有普遍传达意义的交际艺术。我们从来不会否认幽默在人际交往中的作用，因为幽默会引人发笑，俗话说，笑一笑，十年少，人们大多数都喜欢与那些富于幽默感的人交往，因为他总是能给人带来一种心灵上的愉悦和轻松。在日常工作中，当我们面对客户的时候，幽默的语言可以帮助我们拉拢客户，从而促使生意的顺利进行。这是因为，在工作中，生意本身会容易让客户对我们充满戒备与敌意，假如我们可以适当运用幽默的技巧，那就可以消除客户的紧张情绪，从而促使整个洽谈过程变得轻松畅快，充满人情味。所以说，在生活中，那些富于幽默感的人更容易获得客户的欢迎，赢得他们的信任，促使交易走向成功。

小王是一名房地产经纪人，他正领着一对夫妇向一栋楼走去，打算向这对夫妇销售新房。一路上，为了销售这套房子，小王一直滔滔不绝地夸耀这套房子和这个居民区：“瞧，这个地方多好啊，空气洁净，遍地鲜花绿草，这儿的居民从来不知道什么是疾病与死亡，谁也舍不得离开这里。”碰巧就在这时，他们看见一户人家正在忙碌地搬家。小王马上说：“你们看，这位可怜的人，他是这儿的医生，竟因为很久一段时间无病人光顾，而不得不前往别处开业谋生了！”

在日常工作中，当我们与客户在洽谈的时候，很容易会出现难堪的场景，如像案例中的这样，这时就可以用幽默的语言化险为夷，在紧急时刻恰到好处地运用幽默来帮助自己摆脱尴尬。富于幽默感的人走到哪里就会把快乐带到哪里，假如我们是一名幽默的上班族，那在整个交易过程中，将会给客户带来许多欢乐，让客户倍感愉悦。因此，在销售过程中，不妨适当幽默一下，缓和与客户之间的紧张气氛，快速达到彼此合作的目的。

小王是一位房产销售员，他对客户说：“诚实地对待每一位客户是我们公司的一贯宗旨，我将向你介绍房子的所有优缺点。”客户问：“那么这座房子的缺点是什么呢？”小王回答说：“哦，首先这座房子的北面3千米的地方是一个养猪场，西面是两个污水处理厂，东面是一个化工厂，而南面则是酱制品公司。”客户继续问：“那么，它又有什么优点呢？”小王回答说：“那就是，你随时可以断定今天刮的是什么风。”听了小王介绍后，客户忍不住扑哧笑了。

可以说，幽默的沟通方式是人们最容易接受的沟通方式之一。当我们在使用幽默的沟通方式时，沟通的双方往往会处于一种放松愉快的情景中，降低或放下戒备，以一种乐观积极的心态，更加乐意倾听和理解。因此，当我们在与客户打交道的时候，幽默是建立信任、巩固关系的最佳策略，假如我们可以让客户笑，那我们就能让他们购买我们的产品。

销售员杰克口才很好，而且反应很快，善于随机应变。有一次，杰克正在销售他那些“折不断”的绘图T字尺，他喋喋不休地说：“看，这些绘图T字尺多么坚韧，任凭你怎么用都不会折断。”为了证明他自己所说的话，杰克捏着一把绘图T字尺的两端使它弯曲起来。突然听到“啪”的一声，原来完好的T字尺顿时成了两截塑料断片。聪明的杰克将它们高高地举起来，对围观的人们说：“请仔细看看吧，女士们，先生们，这就是绘图T字尺内部的样子，咱们折开看看，瞧它的质地多好啊！”

假如我们第一次与客户见面后便无的放矢地开玩笑，那就显得比较唐突了。不过，在我们面谈不顺利，没办法很好沟通的情况下，适当的幽默却是极为有效的空气清新剂，可以缓和当时的难堪气氛，这样可以使面谈得以顺利进行下去。

当然，在面对客户的时候，我们可以适当说一些笑话，这样可以快速降低客户对我们的敌意，促使销售成功。不过，千万不要过分，假如掌握不好分寸，那就会给客户留下轻浮、不可靠的印象。当我们在紧急情况进行调侃、幽默的时候，不要拿客户的一些私人问题说笑，以免引得客户不快，使客户觉得我们不够尊重他。而且，幽默也是要分客户的，当我们打算轻松幽默一番的时候，最好要去分析客户是否喜欢幽默，假如我们遇到的是一本正经的客户，那就直截了当，而不是故作幽默。

第10章 幽默让你的恋爱生活幸福满满

幽默是一种强大的社交直觉的体现，也是一个人内在价值的表现，尤其在恋爱中更需要幽默的点缀。从表面上看，幽默可以给异性带来情绪波动，和幽默的人在一起，人们的情绪是开心的、轻松的，而不是沉重的。

幽默娇嗔的语言，唤起对方内心的爱

女人要想开启男人爱情的欲望，就需要学会幽默，适时娇嗔几句，说得男人心花怒放，他自然会对你百般疼爱、爱恋有加。当然，幽默风趣，这对于恋爱中的女孩子相对来说比较容易，但若是对一位结婚几年的女人来说好像就显得困难了，并不是腻了，而是觉得不知道怎样来表达自己的幽默，如果硬是需要说点什么，那就只剩下唠叨、争吵了。婚后，爱的激情被柴米油盐的琐碎生活磨掉了，女人逐渐丧失了幽默的心情，慢慢变成了唠叨的女人，这难免会让男人厌倦。这些不懂得“顽皮”的女人，不要等到丈夫有了外遇，才抱怨自己为什么总是被忽视呢？为什么自己无止境的付出却换来抛弃呢？这时女人也应该反省自己，在自己身上是否还有爱情的痕迹？幽默的妻子，总会让丈夫感到新奇，那些娇嗔的语言总会唤起丈夫内心深处的爱。

女人不妨偶尔幽默一下，来博得男人的宠爱，因为在女人面前，男人所扮演的角色既是朋友，也是兄长，有时候甚至是父亲。如果女人表现得幽默、调皮，像小孩子一样，那给男人的感觉就好像是女儿一般，自然可以启发出他隐藏在心底的爱。

每个女人在恋爱时总是千姿百态的，一会儿顽皮，一会儿妩媚，一会儿性感，一会儿天真，百变的形象让男人看花了眼，从此也跌入温柔乡里。但这样的女人在结婚后往往忽视了这些情调，她们不再千姿百态，而是无休止地唠叨，结果让男人生厌。对此，女人应该要找回恋爱时的感觉，不要觉得不好意思，在自己爱的人面前，还有什么难为情的呢？展现女性的魅力，唤回男人的爱。男人是单纯而微妙的动物，因为单纯，所以很容易安抚；因为微妙，所以只需要多用心，常说一些诙谐而有趣的语言，就可以察觉甚至洞悉他的心。

日子太过平淡，往往会让相爱的人失去爱情的激情，他们逐渐变得平淡，再也回不到往日的活力。但偶尔的幽默就好像无意中在天空中闪烁的星星一样，哪怕只有短暂的出现，也可以唤醒爱的活力，激起情感的火花。对爱人幽默的内在动力是宠爱、喜欢、愿意等情感，女人适当幽默确实是婚姻幸福的秘方之一，当两个人争吵时，适当幽默可以缓和气氛；当两人甜言蜜语时，幽默可以让气氛更和谐。幽默的女人总是特别有女人味，但凡男人都喜欢看风趣的女人。

幽默，让爱人越吵越相爱

有时候，爱人之间的吵架会让感情在争吵的硝烟中慢慢飘散，他们会因为争吵而伤害彼此的感情，最后使彼此的感情都变得十分脆弱。而有时候一对爱人的吵架会成为感情的“催化剂”，他们会在吵架之后，突然感情升温，彼此变得更加爱对方。英国最新的一项调查发现，如果吵架时善用幽默，架吵得好，也许可以成为两人感情的“催化剂”，使他们的感情在经历了“冲突”之后，比以前更加稳固和坚实。原来，幽默会让两个吵架的人越吵却相爱。

丈夫常常到外面打牌、聊天，每天总是很晚才回家。妻子与他吵架时说：“刚刚结婚的时候，你不是说在家里很幸福，看到我就像看到了全世界吗？”丈夫争辩说：“我是这么说过，但那时我对世界地理不熟啊！”

两个人吵架之后，妻子往往是三十六计走为上计，一吵架后，妻子就气冲冲地收拾行李打算回娘家。丈夫问：“你要干什么？”妻子嚷道：“我再也待不下去了，我要离开这个家。”丈夫看着妻子提着皮箱走出家门，忽然追了上去，喊道：“等一等，我也待不下去了，我和你一起走。”最后，妻子破涕为笑，夫妻双双把家还。

两个人在一起难免会出现磕磕碰碰的情况，俗话说：牙齿和舌头那么好的交情，可是也免不了牙齿伤了舌头。更何况是两个思想和观念都不一样的人，他们总会为了一些鸡毛蒜皮的事情就开始争执起来，互不相让，甚至大打出手。其实，两个人在一起，吵架是很正常的，也常常有人用“打情骂俏”这样的词语来形容情侣之间的爱意。即使在吵架的时候，我们也还是互相爱着对方，其实生活中偶尔的吵架也是一种沟通。可能两个人在一起久了，我对你或是你对我都会有一些抱怨，会觉得这件事情你哪里做得不到位，或是我每次约会迟到都会让你觉得恼怒。而将一件小事作为导火线，两个人都将对彼此的怨气发泄出来了。假如我们可以把这些抱怨以幽默的方式表达出来，那就会发现事情远不如自己想象的那么艰难，我们心中的怨气也不见得有很多，在笑声之后，我们都学会了如何去原谅对方。

有的人在吵架的时候，就喜欢说讽刺的话：“我走了，你岂不是自由了吗？我也省得闹心。”这样的口气会更加激怒对方，讽刺的伤害是很大的。没有哪一个人能够容忍爱人对自己的嘲讽。相比较冷嘲热讽，只有幽默是最恰当不过的，这样可以风趣地说出自己的意见，促使两人在吵架中体会到真正的爱。

在吵架时，我们善用幽默的同时需要记住就事论事，切忌哪壶不开提哪壶、翻旧帐，否则，我们的幽默就失去了它应有的作用。两人在发生争吵时，你就会因为伤心而想起以前的很多事情，包括以前所受的委屈、对方所有犯过的错，你都会忍不住要提出来。甚至趁此机会把对方身上你看不惯的地方，一点一点地拿来数落一番，假如仍不解气，还会把对方的朋友、亲人，哪个你看不顺眼的，也借机数落。其实，本来只是为一件小事争执，但是因为你的“乱开炮”，就会从对方的身上扩展开去，牵扯到一大堆人。吵到最后，你几乎忘了最初吵架的原因，憋了一肚子气：“算了，这日子别过了！”于是，战火愈演愈烈。在使用幽默的时候，需要转移注意力，尽量使用诙谐的语言提到其他有趣的事情，千万不要翻旧帐，这是吵架中的大忌。

给对方留下“会聊天”的深刻印象

任何人，在他的一生中，都会经历恋爱这一个美妙的过程，但对于恋爱中的男女，在初次接触时，难免会内心紧张，即使对面坐着的就是你心仪的男孩或女孩，你还是会因为紧张而不知所措，而实际上，这对于恋爱的进展是毫无益处的。你的紧张会让对方对你的印象大打折扣，此时，你若希望打开对方的心扉，让对方对你产生好感，不妨巧用幽默法。它的好处在于，可以巧妙地运用幽默来打破这种尴尬的局面，另外，幽默还能给双方提供很多可以聊的话题，能给对方留下良好的印象，从而为下一步的接触打下良好的基础。

老一代著名电影艺术家赵丹与黄宗英的结合，很大程度上取决于第一次见面时赵丹的幽默。

20世纪40年代，赵丹刚从监狱出来，此时妻子已经改嫁。一部电影挑选了赵丹与黄宗英扮演男女主角。在没有见面之前，赵丹就对黄宗英倾心。

当第一次见面时，黄宗英说："真没有想到你会来接我。"

赵丹："为啥我就不能来接你？"

黄宗英："你家里就没有一点事？"

赵丹："家？我早就没有家了。"

黄宗英："我不明白，大上海有那么多明星，为什么千里迢迢找我来？"

赵丹："这叫千鸟易得，一凤难求。"

赵丹一句"千鸟易得，一凤难求"便幽默地表达自己对黄宗英的情有独钟，这就为后来他们的进一步交往打下了基础。

的确，任何成熟的人，都绝对不会"爱了，就不要脸了"

地说出自己想爱人家的话，也不会压抑自己一腔滚烫的爱，像强压抑着喷薄欲出的火山岩浆一样，想喷发也不让它喷发，更不会，自己有爱就是说不出口，让爱随时间流逝。或此或彼，都是对神圣而美丽的恋爱的一种亵渎。那么，怎样才能将自己一腔滚烫的爱，恰到好处地传递给对方而有效博得对方的好感呢？幽默就是打开恋爱之门的金钥匙。

小言是个大大咧咧、爱玩的姑娘，虽然她是搞艺术工作的，但从外表看，她就是个假小子，因此，她也有一堆异性哥们儿。这些哥们儿大部分都已经“名草有主”，除了小林，小林很有才也有点财，无奈就是外形不是那种让人眼前一亮的类型。没有这个前提，再有才，有些肤浅的姑娘也不愿意静下心来去发现这块宝，更让人犯愁的是他的相亲经验少得可怜。

有一次，小林不得不遵循父母的“旨意”，答应在第二天相亲，令他犯愁的是，该带人家姑娘去哪里玩呢，于是，他请教小言。小言是个热心肠，看着朋友需要帮助怎么能袖手旁观，她在自己的电脑上敲了几下，仔细选了又选，最后推荐给小林一个地方，朋友认真地点点头用心记住，然后转身离去。

那天，当两个人逛完街后，姑娘问小林下一站去哪儿，他转过头很坚定地告诉她：“我们上床吧！”姑娘先是一愣，随即一笑牵着手而去。

后来，小林告诉小言，相亲的姑娘被他的幽默逗乐了。

可见，语言的幽默是无穷的，利用娱乐场所名字的联想，这个不善于相亲的男人玩了一次并不熟练但又非常成功的幽默，为两个人情感上的进一步交流打好了基础。

据“天空新闻网”报道，英国心理学教授理查德·怀斯曼对一场大规模的“爱情速配”活动进行了调查。结果显示，想在相亲会上成功约到心仪的对象就要以幽默或稀奇的问题来作为开场白，而个人外表是否有吸引力显得并不重要。他说：“那些会用幽默或稀奇的问题开始谈话的人都能成功约到心仪的对象，他们可能并不是当场最有魅力的人，但当你回答他们的提问时你很难不面带笑容。”

再比如，我们翻翻杂志、看看报纸上的征婚启事，会发现不少女孩子都把有幽默感视为自己选择男友的一个重要标准。而男人也把具有的幽默特点当成金子一样使劲往自己脸上贴。

当然，初次见面时，我们在开玩笑的时候，一定要把握好度。

李刚是一个不拘小节的人，有很多朋友和哥们儿，但他不明白一个问题，为什么自己总是追不上女孩子。

李刚经常去一家叫黄鹤楼的饭店吃饭，后来，他看上了姑娘阿玲，第四次前去消费时待阿玲端盘上菜之际，李刚就拉住人家阿玲的手腕说：“姑娘，哥爱你。”就是这一句话，阿玲板着脸说道：“你这人有病啊！”姑娘这一声惊喊，就把好多人奇怪的眼光吸引了过来。

李刚见“爱心”遭到了“恶”报，只好自言自语道：“不让爱拉倒，翻什么脸，我又没什么恶意。”

阿玲怒火未消，继续说：“你脑子里进水了，有你这样谈情说爱的吗?”看看，李刚自认为实话实说没什么的，结果倒是求爱不成，成了脑子里进水的人。

的确，大胆没错，但不能太过“明目张胆”，别说是中国具有“特色”，就是在西方国家也不可能将“爱了，就不要脸了”的话，赤裸裸地表现出来，还得“羞答答的玫瑰静悄悄地开”。怎样“开”？幽默就是一个绝妙的智慧体现。事实上也是如此，很多和李刚一样追求女孩的人，他们的心地未必不善良，内里也未必不秀，可刚一接触，谁能通过“表层”看到“内部”呢？看来，大胆另类的做法，不是大多数人应当采取的普遍方法。

总之，具有幽默感的人，在爱情上往往一帆风顺，即使其他条件差一点，也未必是爱情路上的绊脚石。

做一个优雅而风趣的人

生活中，常有女人发出这样的感叹：男人到底喜欢什么样的女人？善良的，美丽的，还是温柔的？当然，如果一个女人能集这些优点于一身的话，那么，她必当是个能让男人倾心的女人，但如果她能再让男人发笑的话，她就更加完美了。

幽默是一种优美的、健康的品质，更是一种生活的智慧和情趣。通常，女人都喜欢幽默的男人，因为跟他们在一起会心情放松，同样男人也喜欢幽默的女人，因为跟她们在一起没有压抑的感觉，更不会感觉到死板。

小风和小夏是一对人人羡慕的情侣，谈起他们的相识和相爱，还有一段曲折离奇的故事呢。

小风当时在北京的一家公司上班。小夏正是因为面试才认识的小风，虽然面试没有成功，但却和小风成了好朋友。你来我往间，情愫渐生。

小夏毕业后，小风已经不在北京上班了，而此时的小夏也没有在北京找工作的打算。后来，小夏通过联系才得知，小风居然去了自己老家的一家公司，于是，小夏头脑一热，也回去了，见面成了自然而然的事情。

小夏的方位感很差，直到上完大学，仍然只知道左右而不了解东南西北。第一次正式约会那天非常热，两人通着电话，却彼此找不到对方，在相约见面的地方迂回了1个小时后，终于胜利会师。但是此时小夏已经晕头转向并且有严重的中暑倾向，见到小风以后，也不管是不是第一次约会，更顾不得什么矜持不矜持了，她对小风说："我快休克了，英雄能不能先借我肩膀用一下。"小风先是愣了一下，然后扶着小夏走进一家快餐店解暑。

从此以后，王子和公主开始了幸福的生活。过了很长时间，小风很纳闷地问为什么第一次见面就借肩膀。小夏告诉他："当你还距离我150米的时候，我已经快晕倒了，最近看的武侠小说比较多，所以顺口就说出来了，幸亏你没有被我吓跑。"

如果当时的小夏继续坚持女生该有的矜持，很可能就晕倒在地了，更别提约会了。小夏顺势的幽默不仅为自己摆脱了中暑的危险，还赢得了爱情。

女孩子在头一次见面时都会矜持，那种双眸含秋十指带香的样子，保持一种很有张力的距离感，是令男孩子最头痛可又不得不紧追不舍的一种美妙状态。不爱你的人，看不出你刻意留下的距离。爱你的人，自会为这段暧昧有致可又伸手不可及的距离而兴奋不已。女孩子不要担心，男孩子喜欢这种富有挑战性的征服。

那么，男人为什么会喜欢幽默的女人呢？

因为幽默的女人会给人留下深刻的印象：

她是一个热爱生活的人，让人时刻能感受到她身上那种淡淡的从容和无惧，感受到她对生活的热情。

她是一个聪明的女人，因为幽默是一种随机应变的能力，懂得幽默的女人，必定是有一定思想修养的；幽默的女人更是乐观的，因为幽默的谈吐是建立在说话者思想健康、情趣高尚的基础之上的，一个心地狭窄、思想颓废的女人是不会有幽默感的。

她会是一个乐观的女人。消极悲观的人，是笑不起来的；充满狐疑的人，话里也难以荡漾暖融融的春意；整天心情抑郁的人，话里肯定有解不开的忧郁。因为只有内心满怀希望，才能由衷地发出笑声、彰显魅力。跟这样的女人在一起是轻松的、快乐的、有情调的。

在快节奏的现代社会中，生活的压力是无处不在的，没有哪个男人希望在外奔波忙碌了一天回到家看到的是一个死气沉沉的女人。而如果面对的是一个幽默的女人，那么她诙谐的谈吐、可爱的表情，会让你的疲惫心情瞬时得到释放和缓解，而她对生活的热情也会瞬间感染你，这样的女人会有人拒绝吗？答案是肯定不会。

而对于女人自身来说，幽默也是一种释放压力的方法。女人一般都是多愁善感的，女人的心，天上的云，其情绪变化常常教丈夫或男友莫名其妙，有时自己也不知道为什么。而这些变化的原因很可能就是来自生活的压力，或生理变化、情感创伤。如果没有自我调节的能力，多美的女人都会变得暗淡无光！

在女人的精神世界里，幽默实在是一种丰富的养料、调味品。更重要的是幽默是一种优美的健康的品质，使女人变得豁然开朗，即使有许多的挫折，也能迎刃而解。大家都喜欢听幽默的语言，就像喜欢听动人的音乐、欣赏美妙的文章一样；和谈吐幽默的女人在一起，就如同置身于蔚蓝的大海边或壮美的大山中一般让人陶醉。

幽默是女人的秘密武器，每个女人都想成为幽默的人，但是并非每个女人都能成为幽默的人，因为，学会幽默对于女性来说，并非一件容易的事情。特别是在尴尬的气氛里，很多女人却总是扮演扫兴的角色，或者雪上加霜。在男人看来，女人最大的幽默感是在困境中还能笑出来，而不是插科打诨、得意忘形。

幽默为浪漫增添更多情趣

在生活中，我们常常可以发现，无论男女，幽默感强的人最受异性的欢迎。因为幽默不仅会令你魅力十足，能为你的第一印象加分，还能使两个人的相处笑声不断。可能很多人认为，幽默的人是机智的，但绝不是浪漫的，其实不然，这两者完全可以融合在一起，幽默能为浪漫增添更多情趣。

在法国，有一个小伙子爱上了一位姑娘。

一天，小伙子来到姑娘家，两人在火炉边烤火。他说道：“你的火炉跟我妈妈的火炉一模一样。”“是吗？”姑娘漫不经心地应道。她还以为这是小伙子随便说的一句话。“你觉得在我家的炉子上你也能烘出同样的碎肉馅饼吗？”他幽默地问。姑娘愣了一下，随即悟出了问话所含的意义。她欢悦地答道：“我可以去试试呀！”

这个小伙子是浪漫的，一个普通的火炉、一种碎肉馅饼都能被他当成求爱的工具，幽默风趣，含蓄委婉，与如此浪漫机智的男青年在一起，姑娘的幸福可想而知。

的确，法国人的浪漫是出名的。我们再来看下面这个浪漫的爱情故事：

一天巴黎的街头，雨突然从天而降，并且下得很大，人们纷纷找地方避雨，一男一女碰巧在同一个屋檐下避雨。

男士目不转睛地看着这位素不相识的女士，女士说：“你在做什么？”“只是看看衣服的标签，看看你是不是天堂制造的。我希望你会心肺复苏术，因为你美得让我停止呼吸。小姐，请你把它还给我。”

“什么？”

“我的心，你用你的眼睛把它夺走了。我的眼睛一定有问题，我的视线无法从你身上离开。我今天很不顺利，看见漂亮女生微笑会让我心情好一点，你可以为我笑一下吗？”

“今天的雨真大。”“是啊，那是因为老天对着你流口水。如果可以重新排列英文字母，我会把U放在I前面。相信我，我会让你成为世界上第二幸福的人。”“为什么不是第一呢？”“有了你，我就是最幸福的人！”

我们不得不佩服这位男士制造浪漫的技术，一个普通的下雨天，一次普通的相遇，这些再普通不过的因素，都能被他充分利用起来，在他的言语中，处处表明着他对这位女士的爱慕，言语真诚、大胆而又机智幽默，恐怕这位女士早已被这种浪漫的氛围笼罩着而对他产生好感了。

在爱情中运用幽默，能使你所爱的人感受到你的情趣。在爱情中，幽默的言谈使对方深深地被这种浪漫氛围影响，被你的爱意打动。

当然，恋爱到了一定的火候之后，随之而来的就是求婚。在求婚的时候也不妨幽默一下，这样可以给爱情生活做一个愉快的总结，给婚姻生活来一个意味深长的开头，给幸福的生活留下永不磨灭的记忆。

无数幽默大师的求婚经历证明：幽默的求爱、求婚方式更有魅力，更富有使人心动的浪漫情趣。马克思对燕妮成功的求爱方式就很幽默、别致，堪称经典。

可见，幽默是爱的伴侣，是爱的守护神。如果你懂得在恋爱中通过幽默法制造浪漫，那么定将有情人终成眷属。正是因为如此，人们才乐于用幽默这种含蓄的语言形式在恋爱生活中表达爱的情感，使双方在欢笑中体会到彼此的爱。然而，幽默并不是名人大师的专利，作为普通人的你同样可以为自己的求爱增加一些浪漫氛围。

我们都知道古希腊“丘比特爱神的传说”，被爱神丘比特的金箭同时射中的一对男女便能缔结良缘。如果一方中了金箭，另一方中了铅箭，那中金箭的一方便只能是“单相思”。

可能现实生活中的很多人，明明爱着对方，可不知道用什么方式来求爱。处在热恋中的情人，只要用心，可随时利用幽默来给爱情加温。其实，想让与你相处的人笑声不断、其乐融融，并没有想象中的那么难。也许是你信手拈来的一个笑话，也许是即兴模仿的一个手势，也许是你反其道而行之的一句嘲讽，别小看这些幽默技法，它们可都是制造情趣、让恋爱双方享受浪漫情意的法宝。

幽默妙语，中和爱情里的醋意

在恋爱的过程中， 人们都可能会出现这样一种心理表现——吃醋，吃醋代表着对方很在乎你，是爱的表现。如果说当对方看到你与其他异性过于亲密接触而毫无情绪反应，这就说明对方不是很深爱你。虽然吃醋可以为爱情增添一点色彩，但是也不要太多。过多的吃醋，不仅不会成为爱情的调料，还会成为爱情的杀手。那么，怎样拯救爱人吃醋的心呢？你不妨尝试一下幽默法。

为了使对方开心，不让一些小事在双方之间造成不必要的误会，有时候需要一些善意的谎言。但是把假话当成真话说，被戳穿后可能会引发更大的矛盾，这时候可以运用幽默的方式“蒙混过关”。

任何游戏，都必须在理性和情感的彼此感应下，产生共鸣，产生乐趣和情趣。幽默用于情爱生活，由于条件有利，比靠纯粹游戏而产生趣味要容易些，双方都有取悦对方的心愿，只要一方做出努力，对方一点即通，自然生趣，爱的情感会又进一步。

第11章 幽默让家人更爱与你交流相处

幽默，不仅仅存在于社交，更应存在于家庭。俗话说："家和万事兴。"家人相处过程中，婆媳冲突、亲子矛盾等总是不可避免的，这时就要善用幽默营造轻松的家庭氛围，让家里多一些笑声，让每个家人多一些愉快的体验。

幽默是趣味生活的添加剂

我们周围的生活中，总是有人整天闷闷不乐、愁眉苦脸。他们觉得生活无趣，人生无趣，久而久之，他们便对工作与生活失去了激情，他们自身也变得麻木枯燥。实际上，生活需要趣味，而且是各种各样的趣味，于是世界便有了层出不穷的志趣、情趣、谐趣、童趣、文人雅士之趣、市井小民之趣……如果再加上幽默，我们不妨称它为“幽默趣”。

可以说，幽默是趣味生活的添加剂，因为生活中存在着幽默，关键是你要能发现它，并且用幽默的语言来解释它，这样你的生活就会更加充满乐趣。

刘勇是独苗，父母很宠他，家里什么事都不要他做，整天饭来张口、衣来伸手，因此，都二十好几的人了，他饭都不会做。妻子玉兰进门后，见他竟然是个只会享受的家伙，常借机奚落他。

那天，玉兰加班回来晚了些，到家后发现刘勇在家正坐等她回家做饭呢！肚子饿得咕咕叫的她，不禁发起脾气，把他狠狠地训斥一顿。刘勇自知理亏，低头不吭声。

玉兰见状气消了大半，转身去厨房做饭。一会儿，上小学的女儿跑进来：“妈妈，你教我做饭吧！”玉兰很开心，问：“你要学做饭干吗？是不是想以后做饭给妈妈吃？”女儿摇摇头，嘴贴到她耳边悄悄说：“学会做饭，就有资本训人了，你看爸爸因不会做饭，被你再怎么训，都不敢吭声。”

可能故事中的女主人公玉兰在听到女儿的童言之后，她即使对丈夫还心存怨气，也会烟消云散，在孩子的眼里，妈妈训斥爸爸的原因是爸爸不会做饭，而不是爸爸的懒惰，这就是童趣。

幽默是艰苦生活的调味剂。生活有时是相当艰苦的，有幽默感的人善于苦中作乐，用幽默作为艰苦生活的调味剂，鼓励自己克服困难，渡过难关。

幽默让生命趣味盎然，幽默能够引发喜悦，给人们带来欢乐，或以愉快的方式使别人获得精神上的快感。具有幽默感的人，生活中充满了情趣，许多看来令人痛苦烦恼的事，他们却应付得轻松自如，从而使生命重新变得趣味盎然。

我们再来看看生活中的一些趣味语言：

（一）

“你长得很有创意，活着是你的勇气，丑不是你的本意，是上帝发了脾气，活下去，没有你，谁来衬托世界的美丽！”

（二）

“结婚用什么车娶亲最酷？”

“布加迪威航开路，阿斯顿马丁摄像，齐柏林DS8护航，新郎新娘骑驴。”

（三）

“月薪1200元，买什么车好？”

“买副象棋吧，有4个车呢！另外还有4个宝马。”

（四）

“我买房子的花园里居然挖出了一具尸体，我该怎么办？要不要报警。”

“继续挖，下面还有兵马俑。”

（五）

“有个女人交了6个男朋友，请问她情人节该怎么过？”

“一起吃火锅吧。”

（六）

“杨过没车为什么小龙女还腻着他呢？”

“谁说没车？他一直用雕牌！”

（七）

“情侣两个都在QQ上，但是双方都不说话已有10分钟，说明什么？”

“老板在旁边！”

（八）

“你爱我有几分？”

“1毛钱之多。”

“只有这么一点吗？”

“1毛钱不就是‘十分’吗？”

（九）

“养了10年的宠物和交往1周的恋人，必须舍弃一个，你选什么？”

“舍弃宠物吧，把它送给恋人。”

看完这些趣味语言，你紧绷的脸是不是缓和了些呢？的确，幽默就是一剂伟大的抗抑郁药，不仅会让你发笑，还让你学会微笑面对人生。作为人类独有的能力，幽默基因孕育在每个人的身体里，只要找到它，你便找到了通往幸福桥梁，进而能够勇敢地面对现实，热情地体验人生。

诙谐的责怪中暗含爱意

在生活中，许多人都会有这样奇怪的想法：幽默是社交活动中不可缺少的元素，那就是对外的，至于在家里，在外面逗人乐已经很辛苦了，在家里还需要继续把幽默进行到底吗？其实，有这样想法的人都不算是真正幽默的人，真正幽默的人不会觉得运用幽默是一件疲惫的事情，他会自然而然地发现生活中的喜剧元素，然后自发地运用到生活中。尤其是对于家庭中的妻子丈夫而言，他们的幽默将指责变成了关心。现代家庭就是一个小社会，即便是在朝夕相处的家人面前，也需要使用“幽默”这样的润滑剂，否则，家庭便会失去活力。

在一次宴会上，林肯和他的夫人面对面地坐着。林肯的一只手在桌上来回移动，两个手指向着他夫人的方向弯曲。

旁人对此十分好奇，就问林肯夫人：“您丈夫为何这样若有所思地看着您？他弯曲的手指来回移动又是什么意思呢？”

“那很明显，”林肯夫人答道，“离家前我俩发生了小小的争吵，现在他正向我承认那是他的过错，那两个弯曲的手指表示他正双膝跪地向我道歉呢。”

有人说：“做妻子的要接受丈夫的一切，要让丈夫生活愉快，拥有满足感。当丈夫的回到家里时，要替他装上自信的弹丸。这样丈夫就会想‘她这样支持我，可见我在她心中有一定的地位，并非一文不值。’做妻子的若能爱丈夫，信任他，他就会拥有‘我一定能做好一切’的自信。所以当他第二天出门时，就会充满自信地接受挑战。”所以，作为女性，在一个家庭中，她的幽默就是悄悄地把那些指责变成关心。

其实，造成现代家庭不和睦的原因有很多，其中最关键的就在于每个人都想维护自尊，想统治家庭，因此夫妻矛盾才会那么突出。假如两个人的矛盾得不到解决，彼此之间的心理距离就会越来越远。如果，我们想缩短这种距离，那幽默无疑是最好的秘诀。

幽默是行之有效的教育艺术

在家庭教育中，什么样的方法是最有效的呢？当然是最适合孩子的教育方式，孩子天性喜欢玩耍，他们喜欢轻松、快乐的教育方式，如果父母的教育既是快乐的，又是启发自己的，那他们是乐于接受的。当然，他们最讨厌的就是枯燥的说教，这只会令他们心生反感。因此，作为家长，需要以幽默的语言教育孩子，以娱乐教学为主，这样不管是对于营造家庭氛围还是对孩子的教育本身都是最好的方式。

有一个常年在外打工的人，很长时间没有和家里人联系了。有一天半夜，他被刺耳的电话铃声吵醒了，他很不耐烦地拿起话筒，原来是母亲打来的电话，告诉他今天是他的生日。这位被打搅了美梦的小伙子有些生气地说：“你深更半夜打电话就是为了告诉我这件事吗？”在电话那头，母亲温和地对儿子说：“孩子，30年前的这个时候，也是你把我折腾醒的。”

在这个案例中，母亲用幽默的方式善意地表达了对子女的关心，同时那几句诙谐的话也让小伙子意识到了自己的错误，这种独特的幽默教育方式所产生的效果是很大的。这比起父母直接的责骂或严肃的说教所起到的效果大很多，通常来说，孩子都有一颗逆反的心，他们更希望听到父母幽默的语言，而不是严厉的斥责。父母越是严厉，孩子越是反叛；反之，父母若是采用幽默的语言教育，反而会让孩子容易接受。

小男孩吵着要爸爸给他买玩具喷火枪，爸爸没有马上生硬地责备孩子，而是温和地说：“不行啊，这个月你的军费开支已经超过预算了，再买喷火枪，你妈妈就要成喷火枪了。”

有一天，小男孩忽然问爸爸：“爸爸，在你还是小孩的时候，你爸爸打过你吗？”爸爸回答说：“当然，他打过我。”小男孩又问：“那么，当他是小孩子的时候，他爸爸也打过他吗？”爸爸回答说：“当然，他爸爸打过他。”小男孩想了一会之后对爸爸说："爸爸，假如你愿意和我合作的话，我们可以终止这种恶性循环的暴力行为。"

在案例中，父母传递给孩子的幽默感在两代人之间建立了一种平等关系。父母在孩子面前说诙谐的话，可以让他们感受到自己的人格被尊重，有利于培养孩子的信心，可以让孩子觉得父母不是居高临下地向他们发号施令，而是把他当朋友。在这个过程中，无形增强了孩子的平等意识、民主意识。而且，通过幽默的方式来教育孩子，比别的方法更容易被孩子所接受。

风趣语言让婆媳关系更和谐

在家庭关系当中，婆媳关系是最难处理的一种，作为男人最亲密的两个女人，往往在潜意识中有一种"争抢"的心理，相处起来很难融洽。当然，作为儿媳，如果能在平时嘴巴甜一点，说话幽默一点，乖巧一点，更得到婆婆的疼爱，起码也能得到丈夫的理解和尊重。没有人不喜欢别人的夸奖，对于她儿子的夸奖，更是对做母亲的最好最直接的恭维，当然，这样的夸奖是需要融入风趣的语言的。在婆婆面前，多说老公的好话，"小刚特别知道上进，特别有出息，现在已经是部门经理了，我现在走出去都带风，可得好好感谢感谢您！”或者，也可以说点风趣点的话，说说老公的小坏话，“妈您看他，也不让着我点，今天终于让我找着靠山了，看你在妈面前还敢欺负我！”这样略带幽默的小撒娇，往往更能让婆婆感觉到你女儿一样的娇憨和对她的依赖，你们之间的关系也会更亲密。

与婆婆聊天，我们不要那么紧张，放松自己，多运用幽默的语言，多和婆婆拉拉家常，说说她儿子、她孙子孙女的事情，老年人会更高兴。老年人社会交际较少，消息也比较闭塞，她们感兴趣的话题往往是围绕自己身边的人的，尤其是她的两个“小心肝”，更是一刻也放心不下。如果自己有一个较开朗的婆婆，她往往还会对街头趣事、电影情节、毛线花色、衣服式样、老年娱乐活动等感兴趣，如果能找到对方喜欢的话题，和她常常聊天，也能让你们之间的关系更融洽、更亲密。

与婆婆相处也是需要注意许多问题的，如称呼。忽然叫一个陌生的女人“妈妈”确实不习惯，尤其是自己的妈妈还在世的时候，甚至有一些儿媳，干脆学孩子的口气，称婆婆为“孩子他奶”或者“老太太”，不仅不够亲热，也不够尊敬。跟婆婆分居的儿媳妇，大多数是走婆家进门叫一声“妈”，出门辞别时说一声“妈，我走了”，看似彬彬有礼，亲热度却不够。如果能在婆婆的“老姐妹”跟前多叫几声“妈”，嘘寒问暖一番，往往能起到更好的效果，要知道老年女人也爱虚荣。如能把拉家常和称呼有趣地交织在一起，气氛就会更好一点，如“这几天怪冷的，妈，您只穿这些太少了，可不要着凉啊！”“这么细的针都能穿，妈眼神真好！”

总之，只要用心经营，言语之间少一些生疏冷漠和怠慢，多一些体贴和关爱，婆媳之间的关系，也可以处得很好。

幽默为家庭生活增添生机

一个男人和一个女人，从相识相爱到一起走入婚姻，这一过程往往是二人一生中最为甜蜜和充满激情的时期。一对恋人走进婚姻以后，由于不同的成长环境和生活背景，由于社会日渐风行的自我思维方式，由于锅碗瓢盆、柴米油盐等家庭琐事，婚后生活往往会日渐平淡乏味，和恋爱时的浪漫激情形成鲜明的反差。

其实，那些都只是表面的现象，其内在的根源在于夫妻双方的心态都发生了变化，因为双方之间过于熟悉而使得生活没有了新鲜的味道。如果夫妻双方能改变心态，用心观察生活，则生活中的柴米油盐皆可成为幽默的素材，给夫妻生活增添新鲜的味道。

家庭生活离不开厨房，而厨房里的许多事物都可以引发幽默。下面就是与厨房有关的三则幽默故事。

丈夫：“结婚纪念日我们去哪儿呢？”

妻子：“去我没去过的地方。”

丈夫：“那就去厨房吧。”

丈夫想杀鸡吃，可是不直接说，而是对妻子说：“玛丽，小白母鸡有些忧愁，是不是因为没有用它来熬汤？”

有一个男人懒得出奇。有一天，妻子要切面条，叫他到邻居家借个面板，他说：“不用借了，就在我脊背上切吧。”

妻子在他背上“切”完面条问道：“痛不痛？”

他回答说：“痛我也懒得吱声。”

家庭里一些不经常发生的特殊事情也能引发幽默。

有一天，怀孕的妻子指着自己的肚子，向丈夫提出一个伤脑筋的问题：“能不能在小孩一出生就看出长大后会成为什么样子？”

丈夫想了想答道："这很简单。如果是个小姑娘，长大一定是个妇女；如果是个小男孩，长大就是个男人。"

总之，不要为生活中的琐事而烦恼，也不要说家庭生活因为有了"柴米油盐"之类的事情而不再浪漫鲜活。运用你的幽默感，发挥你的创造力和想象力，把"柴米油盐"作为你的幽默素材，为你的家人带来快乐，为你的家庭增添无限生机。

善用歪理幽默解除误会

家庭不是讲理的地方，夫妻之间常常不需要太多严肃认真、正儿八经的是非理论，却不可少了嘻嘻哈哈、"胡说八道"的歪理幽默。在许多幸福的家庭中，妻子或丈夫恰恰是凭满腹歪理、满口胡言赢得了对方的欢心。而终日正襟危坐，不苟言笑得近乎冷漠的人则很难赢得爱人的欢悦。当然，这并不是说夫妻之间就纯粹是善恶不辨、美丑不分的，而是说家庭之中、夫妻之间更讲感情。在适当的时候讲出一些歪理，家庭生活就会变得趣味盎然、生机无限。

我们认为家是讲幽默的地方，因为家庭和幽默在本质上有许多共同相通的地方。家庭是男人和女人靠爱情建立起来、又靠爱情来维系的爱情栖息地。夫妻间的是是非非、恩恩怨怨不是某种道理可以讲得清的，夫妻之间的一些行为也就不能简单地以“是非对错”做判断；而幽默也往往是靠歪理来产生。在这一点上家庭和幽默恰恰有共通之处。

家与幽默的这种相通之处提醒我们，让幽默长驻家庭，用幽默冲淡家庭中不时出现的冲突和不满，用幽默去化解夫妻之间的各种矛盾，对于建立幸福的家庭将大有好处。

第12章

幽默口才让你的演说智慧凸显

演讲，最怕枯燥无聊、内容平淡，缺少笑料亮点，让人无精打采。那如何让一场枯燥无聊的演讲变得生动有趣，令人印象深刻呢？在演讲中搭配幽默是一个最佳技巧。幽默演讲，可以让听众发出笑声，吸引听众的注意力，从而促进演讲的成功。

灵感迸发的即兴幽默讲话

若是想即兴讲话能够有效地抓住听众的注意力，那就需要融入风趣幽默的语言。有的即兴讲话是在灵感勃发时的讲话，这样的讲话通常会出现在讨论会上、酒宴上、各种聚会上，偶尔也会在意外情形中遇到。这种即兴讲话大多风趣、幽默，讲话者可以通过别人的一席话来使自己发生联想，或者借景生情引出自己的思绪，达到风趣幽默讲话的目的，让自己的讲话趣味十足。人们通常是在特定的场景中发表即兴讲话，为了让讲话变得有趣，不妨关注眼前的客观事物，从而让自己内心产生某种兴致而临时发表讲话。所谓“兴之所至，有感而发”，这样的讲话大多都是风趣而幽默的。

相比较那些枯燥无味的讲话，听众更青睐于那些风趣而幽默的讲话。本来，参加某种活动是一件愉快的事情，如果在开始之前却来一番枯燥言语的讲话，那岂不是减少了活动本身带来的欢乐气氛。而若是参加会议，那就更需要有趣的即兴讲话了，会议本身是枯燥、呆板的，若是来一点有趣的即兴讲话，那在某种程度上会让听众疲劳的大脑得到暂时的休息。

某领导为文联做形式报告时，当他走上台来，一眼就看到了洁白的台布上放置着一个插着鲜花的花瓶，他小心地把花瓶移到台下，然后就发表了这样一段话：“我这个人做报告，很容易激动，激动起来就会手舞足蹈，这花瓶放在台上就有点碍手碍脚了，说不定我一激动，就碰翻把它摔破了，我这个普通干部还赔不起呢！”

这种灵感迸发的即兴讲话，不仅活跃了气氛，而且委婉地批评了讲排场的风气，让听众在笑声背后领悟其中的深意。幽默是活跃气氛最好的武器，它可以缓解活动或会议现场的紧张、尴尬气氛，重新带来一种愉快的气氛，同时还可以展现说话者自身的涵养。对于公开场合的说话，获得听众的好感才是说话成功的关键之一，而幽默正是获得听众好感的有效方法。在较为正式或严肃的说话过程中加上幽默贴切的语言，往往会让气氛活跃起来，同时也会让说话者的紧张感在笑声中得到松弛。

主持活动，风趣言语活跃现场气氛

幽默风趣的语言，对于活跃活动气氛、打破沉默局面、调动听众情绪具有很重要的作用。幽默而风趣的主持人主持活动，活动的气氛通常比较活跃、热烈，听众参与的积极性也相对比较高；反之，若是缺乏幽默感的主持人主持活动，活动气氛则通常比较严肃、沉闷，而听众的积极性也很差。因此，在主持活动的时候，主持人需要适当插入幽默的语言，增强说话的生动性、趣味性，有效地掌握前场变化。这会让听众在活动中获得放松，促使大家在轻松愉快的氛围中结束活动。

“你太有才了！刚刚说管网建设，你们建设规划局说已经在规划范围内了，现在提到配套设施建设，你们也早就超前规划好了，工作做得很到位啊！”市政协副主席某先生的一句话逗乐了在场的20多个人。整个座谈会在他的主持下气氛非常活跃，诙谐风趣之语频频出现。“我们也要搞‘挂牌销案’的哦！小杨同志要好好记录，把责任人和联系电话都写上，开完会欢迎大家继续‘追踪’！”“我也代表市民来问一下好不好？为什么最近家里一大早放出来的自来水不是有点甜，而是有点黄啊……”

在这个案例中，主持人以自己风趣幽默的语言调动了全场的气氛，有效地控制了全场。足以见得，主持人有较深厚的语言功底。有时在活动中会出现沉默、冷场、离题、争吵等情况，这时主持人该怎么办呢?

在活动中，如果大家都不愿意起来发言而保持冷漠，这时主持人应该用幽默的话语打开活动的主题，也可以点名现场的嘉宾带头发言，以此带动听众的积极性，从而打破沉默的局面，如“老李，我想你应该早就想好了发言的内容，正在那里跃跃欲试呢，我们可等着你的高见呢”，几句风趣的话语立即就缓和了现场的气氛。

有位老师应邀到北京某大学中文系作家班举办学术讲座。在谈到自己喜好的诗作时，准备朗诵一段，可是诗稿放在一个学员的课桌上，老师便走下讲台去拿。教室是阶梯式的，老师上台阶时，一不留神一个趔趄倒在第二级台阶上，不少学员哄堂大笑。那位老师脸红了，这时与老师一同前来的主持人接过了话筒，指着台阶说：“你们看，上一个台阶多么不容易啊，老师希望告诉我们这样一个道理：生活不容易，作诗也不容易。”那位主持人的话语顿时赢得了满堂的掌声。

这时主持人笑了笑，接着说：“一次不成功不要紧，再努力！”在他说话的时候，那位老师已经恢复了平静，微笑着走上了讲台，开始自己的讲座。

那位主持人通过此时此景，巧言化解了老师的尴尬，当然，在这个过程中，那位说话风趣的主持人也给下面的学员留下了深刻的印象。幽默是一种说话的艺术，需要我们注意在现场主持活动中察言观色，适时幽默几句，这样就能有效地掌控前场变化了。

当然，在主持中运用幽默的言辞，我们应该注意这样一些问题。

1. 别牵强

幽默要真正实现效果，最好是自然而然地流露，不能勉为其难地去逗观众笑。幽默是在广泛的社会经验与深厚的知识素养基础上自然的风度表现，是不能强求的。

2. 看场合

大部分主持活动中，幽默都是可以用的，但有些场合下，如主持葬礼的时候，则需要拒绝幽默，否则会让人觉得不合时宜。不同的听众所能接受的幽默方式与内容也是不同的，幽默要有针对性。

3. 讲文明

幽默是高雅的，忌用粗俗语言。幽默是体现风度与修养的，是高雅的语言艺术。如果用一些粗鄙流俗的语言来调动、活跃现场的气氛，不但不能取得幽默诙谐的效果，反而会让听众觉得庸俗不堪。

幽默，让演讲瞬间增添魅力

演讲，是就某个问题对听众发表个人的见解，以阐明事理、感召他人。它以“讲”为主、以“演”为辅，通过语言、感情、姿态等方面的协调动作，“告人知”“说人信”“让人服”，点燃蕴藏在人们内心世界的希望之火、奋斗之火、智慧之火，由此推动文明的进步。

幽默和演讲有着十分密切的关系。对一位优秀的演说家来说，他所需要的不仅仅是口若悬河，而且需要精辟的学识、广博的知识、丰富的联想及多种多样的能使自己表达自如的手段，毫无疑问，幽默正是演讲的重要手段之一。幽默在演讲中的作用非同小可。

幽默演讲的艺术情感是演讲家创造性劳动的体现，它不是对生活感受的简单复述，而是对生活感受的巧妙提炼和加工。只有这种独特的艺术情感，才可能是富有魅力的，才可能给人以强烈的艺术感染。

幽默演讲的技巧之一就是要对听众的情绪有十分恰当的把握，根据听众的情绪来调整自己的情感，用自己内心的情感去创造出对听众有感染力的幽默语言，用自己幽默的情感激发听众的热情，进而引起情感的共鸣。

幽默是讲话的最高技巧

通常说话本身带来的感染力是较少的，毕竟你所说的大多都是枯燥呆板的内容，你可以看看大多数的公众场合的说话，无一例外都是“第一、第二、第三”，诸如此类的条条框框使整个说话过程没有丝毫的趣味性。而对于听众来说，他们更希望听到一些有趣的内容，这就需要幽默了。幽默说话是说话者的聪明才智的标志，它要求有较高的文化素养和较强的驾驭语言的能力。但是，在说话过程中，幽默只是一种风格、一种手段，并不是目的，不能为幽默而幽默，一定要根据具体的题旨语境，适当选用幽默的语言。

1999年4月8日，某领导访问美国，与克林顿谈到“中国威胁论”时说：“美国的什么都先进，是世界上最发达的国家，科学技术是一流的，中国凭什么威胁美国？”

恰好这时，麦克风坏了没有声音功能了，大家听不清，出现了骚动。该领导灵机一动诙谐地说：“总统先生，美国的麦克风不是世界上最先进的。”

有时候，我们可以通过反逻辑的方式制造幽默。此外，还有双关的幽默，双关式幽默法是利用一个词的语音或语意同时关联两种不同的意义并进行曲解的演讲语言艺术的方法。总之，作为讲话者，你可以参加一切有趣的谈话，欣赏体会那些使人发笑的言辞，你可以记住一些好笑的事例和机智幽默的语言，并且深知其中的含义。如果你是一个习惯严肃的人，你可以学习一下幽默，认识轻松的价值。

演讲中真实而自然地运用幽默

任何一名演讲者，都渴望从演讲一开始就全场火爆、笑声连连、气氛热闹，为此，演讲者都煞费苦心以幽听众一默。诚然，幽默的运用可以为演讲增加光彩，但是这并不是为了幽默而幽默的矫揉造作，幽默的运用是讲究真实而自然的。适情适性的自然表达，才是演讲的最高艺术。因此，演讲中的幽默必须言之有物。

因此，语言要富有幽默感，必须言之有物，使其形象生动。以实求幽默，幽默有；以虚求幽默，幽默无。语言真实形象生动，能促人联想，产生“具象”，让人感觉余味无穷。

那么，具体来说，演讲者该如何使幽默言之有物呢?

1. 随机应变，现场发挥

在演讲中运用幽默，应当自然，而不要勉强。如果你牵强说出一个幽默桥段，你的听众可能会思想上开小差。与其仿效别人的风格，不如自己找一个轻松的、可以为演讲注入生气的幽默桥段。

钢琴家波奇有一次应邀到福林特去演讲，结果大厅里落座的人稀稀拉拉，没有多少人到场听演讲，主持人感到场面有点尴尬。而波奇则在开场白中就以他特有的幽默化解了这种尴尬。他说："令人尊敬的福林特人到底很富有，来听我这样一场演讲还一个人买了好几张票。"波奇幽默的谈吐活跃了气氛，一下子拉近了他与听众的距离。

波奇幽默是随机应变，根据当时具体情况的发挥，而且是对当时情况的真实反映，表达的是自己的真实感受，所以很自然、很真实。

2. 制造悬疑

以热切的语调、真实的细节和充满戏剧性的情节引出你的幽默力量，在关键的那句话说出之前，不妨制造一些悬疑。

演讲人不能迫不及待地把妙语趣事说出来。因为笑话要发挥趣味的效果，一定要让听众有出乎意料的感觉。因此，要好好讲你的笑话、妙语或警句，不要操之过急，过早泄漏天机。

当你以讲话来说笑话时，对重要的、关键的字眼要加重，以强化笑话的效果，在重要的语句说完之后要停顿一下，以加深别人对它的印象。

因此，如果你想要抓住听众的心，就要以热切的语调、真实的细节和充满戏剧性的情节引出你的幽默力量，当你演讲的时候，要如行家一样把你的幽默力量运用自如，把幽默力量真实而自然地表现出来作为你演讲的重要部分。

的确，演讲中恰当地运用幽默的手法，既可活跃气氛、振奋听众精神，又能增强演讲的感染力和吸引力。在演讲中常用的幽默手法也很多，如自我解嘲法、妙用笑话法、以矛攻盾法、正话反说法、大事化小法、适度夸张法等。当然，在演讲中运用幽默手法必须恰当，如果运用不当，则会适得其反。要让你的幽默语言言之有物，除了在使用方法上正确外，你还必须注意以下几个问题。

运用幽默手法时，一定要分清对象，分清是对敌人还是对朋友。这里有个态度和分寸问题，如果忽视了这个问题，就容易伤了自己的朋友。

切忌使用那些具有歧视性的幽默，演讲时要把自己摆进去，这样才不至于刺伤听众。

切忌使用粗鲁庸俗或肤浅滑稽的幽默，否则，不仅不会增强演讲的效果，反而会产生不良的影响。

第13章 幽默技巧让你的表达分外精彩

幽默风趣的谈吐往往招人喜欢，不过说话生动、妙语连珠、伶牙俐齿的人并不多。当然，要想拥有幽默的好口才，除了花时间去积累语言的素材之外，还需要掌握一定的幽默表达技巧。

通过“矛盾”突出喜剧色彩

“矛盾”这个词源于《韩非子》中那位卖矛和盾的生意人，表示事物之间的强烈冲突，有很强的喜剧色彩。现代生活中，我们常说的自相矛盾是指人物言行不一、言语前后冲突、行为相互抵触。

生活中这样的现象十分常见。这样的自我矛盾已经令人好笑了，但还缺少一种强烈的对比性。为了使戏剧性更强，取得更好的幽默效果，可以采用这样一种方法，就是在矛盾对转以前把即将转化的矛盾加以强调，以耸动别人视听。

有一小孩饿得直哭。父亲安慰他说：“你要吃什么？尽管告诉我，哪怕是龙肝凤胆也好，我都拿来给你吃。”孩子说：“那些我都不要，我只要饭吃。”父亲骂道：“不懂事的家伙，只拣家里没有的要。”这位父亲真是好笑，穷得连饭都吃不上，还要振振有词地说给孩子吃龙肝凤胆，真是矛盾得可以。

生活中，有些人别出心裁地利用矛盾技法造句，这种语言为人们喜闻乐见。如：

“缺什么都行，就是不能缺钱。”

“什么都能有，就是不能有病。”

体现幽默艺术的方式还有很多，如果你留心观察，就会发现生活中很多人、很多事都洋溢着幽默的气息。

喜剧作家往往根据生活素材创造矛盾人物。自相矛盾会使喜剧角色为掩饰自己千疮百孔的纰漏而疲于奔命，又顾此失彼，笑料迭出。也难怪“矛盾”“此地无银三百两”式的故事经常被搬上舞台，且经久不衰。

适度夸张，唤起对方的想象

夸张，也就是说一些言过其实的话，如“他的嗓子像铜钟一样，10里地都能听见”。夸张，很容易让听者展开联想，从而产生幽默的效果。在生活中，我们经常把“夸张”的语言表达方式称为“吹牛”，所谓“牛在天上飞，人在地上吹”，说的就是这个道理。在日常交际中，或为了虚荣，或为了增强语言表现力，许多人都会把很小的事情夸大了说，似乎这样一方面可以展现自己卓越的口才，另一方面可以达到幽默的效果。

适度的夸张能使人或事物的形象或特征更加突出，给人的感觉更加强烈，从而使人受到话语的感染而投入更多的注意力。我们在讲话的时候，为了表达需要，于是在尊重客观事实的基础上，故意言过其实，夸大或缩小一些人或事物的某方面特征，这样形成强烈的对比效果。当你读到李白“飞流直下三千尺，疑是银河落九天”的诗句时，你就不能不用心去体会庐山瀑布那从天而降、磅礴的气势，夸张手法的运用，让这瀑布的美震撼人心。适度的夸张是在某些方面言过其实，但是又需要有真实来作为基础，这样才有利于突出事物的特殊性，进而唤起听众的想象，突出个性形象。

有一天，国王觉得无聊，对杰克说：“如果你能给我讲一个我从未听说过的谎言，我会赏给你100枚金币。”

“好吧，一言为定！”杰克说完，开始胡吹。

“从前，我家有一头骡子。一天，它挣断绳子逃了出去。我四处寻找，哪儿都没有找到。过了几天，我从集市上买来一个大西瓜，拿回家切开一看，我那只逃出去的骡子躲在西瓜里正在给王后补破鞋子呢。”

国王听后，笑了笑说道：“这种谎言我听得多了，并不新鲜。你只不过是把自己的妻子说成了王后而已。”

杰克又开始讲新的谎言：“一天，我和父亲乘坐的船在大海上航行。突然，遇到了一只海盗船。海盗船追上了我们的船，我抢过了舵轮，把船开进了一条大鲸鱼的肚子里。海盗船也跟着追进了鲸鱼的肚子里。我悄悄对鲸鱼说：‘我们这条船大，你消化不了，那条海盗船小，你完全可以消化。’鲸鱼听了我的话觉得有理，就把海盗船吃掉，把我们的船给吐出来了。”

“这种吹牛的话我也听过不少，请你讲一个我从未听过的吧！”国王说道。

“好吧，那我就给您讲一个真实的事。一天，我在先父留下的一本书里，发现了一张借据。那借据是您的父亲已故老国王亲笔写的，老国王曾经向先父借过1万枚银币。您现在应该把您父亲借我父亲的1万枚银币还给我。”杰克从容地说。

“杰克，你这是胡说八道！我可从来没听说过有这种事！”国王恼怒地喊道。

“对了，我讲的就是您从来未听到过的，请您赏给我100枚金币吧！”杰克笑了笑说道。

其实，夸张是幽默的一种修辞，一旦人们开始夸大事实，那就表示幽默出现了。夸张的作用是用言过其实的方法突出事物的本质，或者加强说话人的某种情绪，以此来烘托气氛，引起听者的联想。通常情况下，夸张可以引起听者丰富的想象以及强烈的共鸣。在日常交际中，夸张是运用想象与变形，夸大事物的某些特征，说出惊人之语。

在运用夸张手法的时候，必须以客观实际为基础，在不失去真实感的前提下进行夸大或缩小，绝不能无中生有，信口开河，把事物过分夸大或缩小。另外，夸张还必须结合特定的目的与场合而用：如果是在一些较为严肃的场合，就不宜用夸张的语句；如果是在随意的场合就可以灵活地运用夸张手法，以活跃气氛，增加谈话的趣味。

掌握借用修辞的幽默技法

修辞，不仅是使语言生动的方法，还是一种幽默技法。掌握借用修辞的幽默技法，一定会使你的生活充满笑声。

1. 比喻巧妙

比喻是搞笑的重要方法，其主要功能是语言的形象性。那些使人感到别致、出乎意料的比喻都是产生幽默滑稽的最佳材料。

在某次合作签约的庆祝会上，双方的总经理频频祝酒。一方的公关部主任站起来，对双方的合作进行了一番令人叫绝的介绍："我们两家公司，一家在海南，一家在河南，可以说是'南南合作'。各位知道，国际上的'南南合作'是世界经济发展的共同体。我们两家公司的'南南合作'，是联谊发展的姊妹连体。我们南南相助，南南相连，南南相合。现在，我可以告诉各位，我们这种秦晋之好的合作已结出了丰硕成果，今天正好是七月七，喜鹊已把天桥架通，愿我们天天都在七月七中度过。”

公关部主任的这番话，巧妙地运用了“南南合作”“姊妹连体”等比喻，生动地道出两家公司配合默契的联合，并对发展前景做了愉快的预测，寓意十分深刻。

2. 善用“仿拟”

“仿拟”顾名思义，指在说话的过程中，有意仿照现成的句子结构或词组类型“造出”新的语句、词组。其直观、简便的表达方式和蕴含讽刺的功效，深受人们喜爱。

3. 一语双关

在双关语中都会含有潜台词和象征意味，并更能体现出一种深层的哲理意蕴。因为这一特点，双关语很少能引起大笑，多数人是以微笑相待。其双关语的诙谐，需依靠逻辑思维推理的指导，是在人丰富想象力帮助下取得的，因而，需要不断地加强语言修养，才能真正做到喻之切、意之深。

思维转向，笑料百出

逻辑虽然是严密的，甚至在很多时候是严肃的，但假如我们能在严密的逻辑中使用幽默，那所产生的笑料将是不可预料的。毕竟，思维的转向，会让同一件事情产生诸多的面，当我们站在这面看也许是正常的逻辑，一旦转向另外一面，那就成为混乱的逻辑。如此想来，岂不是很有趣？毕竟，在现实生活中，不管是身边的人和事还是具体的情境，我们都应该知道随着情境的变化，我们大脑里的思维也要跟着变化。但事实上，当某些呆头笨脑的人总是喜欢保持惯有的思维，那定会是笑料百出的。

有一学生，这天先生教给他三个字“你、我、他”，并让用它们造句。先生举例说：“你，你是我的学生；我，我是你的先生；他，他是你的同学。”

学生回家后高兴地把这些告诉了父亲，指着父亲说：“你，你是我的学生；我，我是你的先生。”他又指了指他的母亲说：“她，她是你的同学。”

父亲听了很气愤：“我怎么是你的学生呢？我，我是你的父亲；你，你是我的儿子；她，她是你的妈妈。”受了委屈的学生，来到学校，责怪先生：“先生，您教错了，应该是这样的：你，你是我的儿子；我，我是你的父亲；她，她是你的妈妈。”

在这个案例中，学生和父亲都差不多是保持一种思维，这样的思维只在特定的情境中才会发挥作用。他们不懂得语言的表达也会随着情境的变化发生变化，于是才有了可笑的因素。

有一次，音乐家鲁宾斯坦在波士顿举办个人演奏会，演出的票在几天前就售空了。

这天演出前，一个自命不凡的贵妇人来到了后台，二话不说，就问鲁宾斯坦要票。鲁宾斯坦很瞧不起这种浅薄无礼的女人，便冷冷地说："对不起，夫人，我现在只有一个座位了。"

"没关系，一个座位也行！"贵妇人喜出望外。接着，她又头一扬，对鲁宾斯坦说："不过，我想要的是一个前面的座位！"

"错不了，是前面的，而且绝对前面！"鲁宾斯坦一边说，一边用手一指，"看见了吗？就是钢琴旁边的那个座位！"

案例中，那个自命不凡的贵妇人本来的目的是想看演奏会。然而，她的逻辑却是呆板的，当鲁宾斯坦说只有一个座位的时候，她并不会按照正常人的思维去想：这个座位在哪里呢？我是否可以坐在这个位子上？当她对座位的情况丝毫不清楚的时候，却说：一个座位也行。这完全是把鲁宾斯坦的话理解错了。当然，最后的结果是喜剧的，直到最后，那个贵妇人才知道那个座位其实是演奏家的，如果自己坐上了这个位置，又看谁的演奏会呢？幽默感顿时显现，惹人发笑。

一个演讲俱乐部想吸收阿凡提为会员，但他也必须和其他会员一样演讲一次。刚开始大家都希望他能上台讲，于是规定他最后一个上台，大家满怀期待地立于台下。

阿凡提登上了演讲台，开口便问："各位，你们知道我要讲什么吗？"

大家异口同声地说："不知道！"

"怎么，你们竟不知我要讲什么，如此无知，那我讲了还有什么用？"说着他便走下了讲台。大家一时哑口无言。

第二天，他又登上讲台，对听众说："各位，你们知道我要讲什么吗？"

"知道！"这回大家吸取了教训，异口同声地答道。

"好啦，"阿凡提说，"既然大家已经知道了我要讲什么，那我重复一遍又有什么用呢？"说完他又走下了讲台，大家再次哑然。

他总是这样，大家便商量了一个办法，待他下次演讲时，有一部分人说知道，而另一部分人说不知道。这样，阿凡提就没法下台了。

第三天，阿凡提又登上了演讲台，当他再次像前两次一样发问后，台下便有人喊"知道"，有人喊"不知道"。

阿凡提一笑："那好吧！那就让知道的人讲给不知道的人听吧！"

说完他一甩袖子走下演讲台，扬长而去。大家一时间目瞪口呆，然后又忽然“轰”地大笑起来。

这确实算是一个搞笑的故事，在这里，阿凡提所玩的就是逻辑幽默。阿凡提成功的幽默智慧在于他利用“知道”与“不知道”这两个不具体、虚幻的概念，到后面却推出了与听众想象完全不一样的结果，正应了那句话“以不变应万变”，不论情境如何变换，阿凡提的理由也总是跟着变化，不过，他的行为却自始自终都没变。

文字游戏，出人意料的趣味

其实，幽默本身就是玩文字游戏，而中国文化博大精深，即便是同一个字，同一个词在不同的情境中所表达的意思都是不一样的。因此，有一种幽默就是纯粹的玩弄文字修辞，这样所展现出来的幽默是合情合理、出人意料的。在生活中，有的人说话比较啰唆，其实，假如啰唆的语言表达方式恰当，那也可以变得幽默起来。啰唆，在修辞学上，跟修辞格中的反复手法是类似的。比如，电影里的经典语言“人是人他妈生的，妖是妖他妈生的”，这样的话很啰唆，却起到了搞笑的作用，在周星驰的电影中经常会使用到这样的文字修辞，以此达到幽默的效果。

在生活中，我们经常会说某人说话很绕。本来只是一句简单的话，但他就是不想以简单的语言表达出来，而是绕过来，绕过去，结果让人听糊涂了，甚至，有时候还会让人一下子听不懂对方在说什么。等到自己完全明白过来了，才忍不住笑，这就是啰唆带来的幽默。

美国作家马克·吐温在长篇小说《镀金时代》里抨击了美国政府的腐败和那些政客、资本家的卑鄙无耻，这部书引起了很大反响。

一天，在酒会上，记者追问马克·吐温对政府官员的看法，马克·吐温一气之下说："美国国会中有些议员是狗娘养的。"

这句话在报纸上披露后，议员们大为愤怒，纷纷要求马克·吐温出来公开道歉或予以澄清，否则，就将诉诸法律。

马克·吐温在另一个场合又对记者发表谈话："前一次我在酒会上发言，说'美国国会中有些议员是狗娘养的'。事后我考虑再三，觉得此话不适当，而且也不符合事实。我郑重声明，我上一次讲话应该更正为：美国国会中有些议员不是狗娘养的。"

通常情况下，若是在书面文字中，我们是不主张啰唆的，因为重复的描述只会让人心生厌恶。然而，口头表达与书面表达毕竟是两种方式，当我们在进行语言表达的时候，适当啰唆，反而会增强语言的表达效果。例如，在一些送别、欢聚的场所，假如可以啰唆一下，反而会让人感到亲切，让人感受到你对某种事情的重视。而在我们所举的这个案例中，这样的重复啰唆是很精彩的，马克·吐温并没有把自己说过的话重复一遍，而是做了一种相反的表述，但意思却跟之前说的话一样，这样就让别人抓不住自己话语里的漏洞了。

有一半百的妇人问萧伯纳："你看我有多大？"

萧伯纳答道："看你晶莹剔透的牙齿，你只有18岁；看你蓬松的卷发，你有19岁；看你扭捏的腰肢，你有20岁。"

妇人听后很高兴，继续问道："那你猜猜我到底多少岁呢？"

"我已经说了，加起来就是你的实际年龄。"萧伯纳回答道。

在这个案例中，面对萧伯纳的回答，这位妇人前后的心情形成了对比，而这样造成的反差恰恰就是我们想要的幽默感。在对比这个文字修辞中，我们可以有意地把不相同的两个事物、概念或者本身对立的思想、观点，甚至是两种截然不同的行为综合到一起做比较，这样就会产生令人喷饭的效果。

参考文献

[1]丁振宇. 瞬间掌握幽默口才[M]. 北京：北京工业大学出版社，2011.

[2]陈浩. 幽默沟通学：零距离制胜的口才秘籍[M]. 北京：中国华侨出版社，2013.

[3]项星. 每天学点幽默口才[M]. 北京：中国纺织出版社，2014.

[4]罗盘. 幽默与口才：你有多幽默，就有多讨人喜欢[M]. 上海：立信会计出版社，2016.